U0291358

城市更新行动理论与实践系列丛书

住房和城乡建设领域"十四五"热点培训教材

丛 书 主 编◎杨保军
丛书副主编◎张 锋 彭礼孝

城市更新与
总师模式

沈 磊◎主编

Urban
Renewal
and
Master Planner Model

中国建筑工业出版社

图书在版编目（CIP）数据

城市更新与总师模式 = Urban Renewal and Master Planner Model / 沈磊主编 . -- 北京：中国建筑工业出版社，2024.6. --（城市更新行动理论与实践系列丛书 / 杨保军主编）. -- ISBN 978-7-112-30116-4

Ⅰ.TU984.2

中国国家版本馆CIP数据核字第20246TS142号

策　　划：张　锋　高延伟
责任编辑：兰丽婷　石枫华
责任校对：赵　力

城市更新行动理论与实践系列丛书
丛书主编　杨保军
丛书副主编　张　锋　彭礼孝

城市更新与总师模式
Urban Renewal and Master Planner Model
沈　磊　主编

*

中国建筑工业出版社出版、发行（北京海淀三里河路9号）
各地新华书店、建筑书店经销
北京海视强森文化传媒有限公司制版
北京中科印刷有限公司印刷

*

开本：787毫米×1092毫米　1/16　印张：$14\frac{1}{2}$　字数：275千字
2024年6月第一版　　2024年6月第一次印刷
定价：**98.00**元
ISBN 978-7-112-30116-4
　　（43059）

丛书编审委员会

丛书序

党的二十大报告提出，"实施城市更新行动，加强城市基础设施建设，打造宜居、韧性、智慧城市"。城市更新行动已上升为国家战略，成为推动城市高质量发展的重要抓手。这既是一项解决老百姓急难愁盼问题的民生工程，也是一项稳增长、调结构、推改革的发展工程。自《中华人民共和国国民经济和社会发展第十四个五年规划和2035年远景目标纲要》提出实施城市更新行动以来，各地政府部门积极地推进城市更新政策制定、底线的管控、试点的示范宣传培训等工作。各地地方政府响应城市更新号召的同时，也在实施的过程中遇到很多痛点和盲点，亟需学习最新的理念与经验。

城市更新行动是将城市作为一个有机生命体，以城市整体作为行动对象，以新发展理念为引领，以城市体检评估为基础，以统筹城市规划建设管理为路径，顺应城市发展规律稳增长、调结构、推改革，来推动城市高质量发展这样一项综合性、系统性的战略行动。我们的城市开发建设，从过去粗放型外延式发展要转向集约型内涵式的发展；从过去注重规模速度，以新建增量为主，转向质量效益、存量提质改造和增量结构调整并重；从政府主导房地产开发为主体，转向政府企业居民一起共建共享共治的体制机制，从源头上促进经济社会发展的转变。

在具体的实践中，我们也不难看到，目前的城市更新还存在多种问题，从理论走进实践仍然面临很大的挑战，亟需系统的理论指导与实践示范。"城市更新行动理论与实践系列丛书"围绕实施城市更新行动战略，聚焦当下城市更新行动的热点、重点、难点，以国内外城市更新的成功项目为核心内容，阐述城市更新的策略、实施操作路径、创新的更新模式，注重政策机制、学术思想和实操路径三个方面。既收录解读示范案例，也衔接实践探索解决方案，涵盖城市更新全周期全要素。希望本套丛书基于国家战略和中央决策部署的指导性，探索学术前沿性，助力城市更新实践的可借鉴性，成为一套系统、权威、前沿并具有实践指导意义的丛书。

本书读者，也将是中国城市更新行动的重要参与者和实践者，希望大家基于本套丛书共建共享，在中国新时代高质量发展的背景下，共同探索城市更新的新方法、新路径、新实践。

杨保军

本书编写组

主　　编：沈　磊

编写组成员：

张　玮　翟端强　胡楚焱　杨佳璇

唐　山　崔梦晓　王　康　李　侃

张　琳　张　超　李　强　郭　亮

祁赛龙　马尚敏　张　娴

自序

　　中国的城镇化进入"下半场"，面临着诸多变化。一是价值体系发生了变化，"生态文明建设""高质量发展"和"以人民为中心"成为时代主题。二是发展模式发生了变化，从外延扩张的增量建设转向内涵质量的存量更新发展，从创新驱动转向品质引导，从生产转向服务经济与新经济。三是体制方式发生了变化，城市规划更加强调对规划、建设、管理三大环节的统筹，打通整个规、建、管、服、运的链条，使城市能够按照规划目标发展。

　　在这样的背景下，从"城市更新"到"实施城市更新行动"，城市更新肩负起新时代城市空间盘活、人文记忆再生、社交活力重塑的历史使命。党的十八大以来，习近平总书记多次强调要更好发挥新型举国体制的优势。如何在我国的国体、政体优势下更好地发挥规划体制的作用成为这一时期需要探索和发展的命题，这样的优势在规划上集中体现为以人为本的价值观、民主决策的一盘棋、整体性的方法论，这也是《城市更新与总师模式》呈现在广大读者面前的初衷。本书集理论深度、实践创新于一体，凝聚了中国生态城市研究院沈磊总师团队多年的经验与心血，不仅深度剖析了城市总师模式，更为城市更新行动的实施提供了理论支撑和实践指导。

　　城市更新与总师制度的高度融合是我国在城市高质量发展阶段的重要创新。在新发展阶段中，我国国体、政体、规体高度统一的新型举国体制为城市更新提供了独特优势。城市总师制度，作为一种融合了跨学科技术与跨界合作的规划管理模式，与城市更新行动的目标相契合。因此本书致力于探索与扩展这种模式创新的"1+1"效应，旨在实现行政决策与技术支持的真正融合，即通过加强城市更新的战略规划，与政府及规划部门共同构建一个行政与技术双轨并进的管理机制。

　　结合总师团队多年来在超大城市（天津）、中等城市（嘉兴）、县域乡村（嘉善）等不同能级和不同发展阶段的城市更新实践，本书系统提出了城市总师模式的本底研究平台和技术组织路径，归纳总结了具有"整体性思维"的更新方法体系，以探讨总师模式如何在城市更新中发挥更大作用。本书也强调"整体性思维"的重要性，并深入研究了城市更新要素的整体性布局、政策工具的协同创新以及全周期运行机制的关键环节。

我们希望通过这本书的传播，能够让更多的城市规划从业者深刻理解城市更新的复杂性和挑战性，认识到总师模式在实施城市更新行动中的重要作用。我们期待这本书能够成为城市更新领域的重要参考，为城市更新行动注入新的理论动力和实践智慧。让我们怀揣着对城市更新美好未来的憧憬，共同努力，推动总师模式的不断创新与发展，为我国城市的高质量发展贡献一份力量。

前言

　　从"城市更新"到"实施城市更新行动"，从理论探索到战略实施，面对我国城市已进入存量提质改造和增量结构调整并重的转型发展阶段，城市更新行动逐渐上升为国家战略，成为推动城市高质量发展的重要抓手。当然，改革开放 40 多年来的快速城镇化和大规模建设所产生的各种城市问题，也在这一时期集中显现，为我国城市的高质量发展带来前所未有的挑战。城市更新如同一场悄然升起的"风暴"，深刻影响着我国城市的转型和规划行业的发展。在我国的城市更新浪潮中，总师模式崭露头角，为城市更新行动的可持续性注入新的活力。本书旨在城市更新的时代转折背景下，深度剖析总师模式的起源与发展，拓展总师模式"1+1"制度创新，搭建总师模式工作框架，提炼更新实践中总师模式的应用与创新。

　　国体、政体、规体的高度统一，"集中力量办大事"的新型举国体制，是新发展阶段实施城市更新行动的独特优势和重要特征。而城市总师模式作为一种集成多专业技术和跨领域协作的规划与管理模式，其统筹思维、要素整合、政策协同、机制创新等特点，契合了实施城市更新行动的使命要求。城市更新与总师模式的有机结合是我国城市高质量发展阶段的重要创新，本书旨在拓展这种"1+1"的制度创新，行政管理和技术管理两者并重，相互协调，相互促进，实现行政决策和技术支撑的有机结合。城市总师模式亦可进一步加强城市更新的顶层设计，与政府、规划部门真正建立行政管理与技术管理的"1+1"制度，更有利于完善城市更新体系，促进全社会层面的转型优化。

　　结合中国生态城市研究院沈磊总师团队的城市更新实践，本书系统提出了城市总师模式的本底研究平台和技术组织路径，归纳总结了走向"整体性思维"的更新方法体系，以探讨总师模式如何在城市更新中发挥更大作用。本书强调整体性思维的重要性，并深入研究了城市更新要素的整体性布局、政策工具的协同创新以及全周期运行机制的关键环节。最后，通过"海河乐章"天津、"百年蝶变"嘉兴,以及"双示范"嘉善三个沈磊总师团队的更新实践案例,进一步展示了总师模式在处于不同能级和发展阶段的城市中的具体运作和更新成果,为城市更新行动的未来发展提供系统的经验和启示。

通过本书的综合阐释,旨在使读者深入洞察城市更新领域内所固有的复杂性与所面临的众多挑战,同时明确城市总规划师在推进城市更新进程中扮演的核心角色。进一步,笔者期望读者能将理论知识转化为实践能力,积极投身于城市更新实践,为城市的可持续发展贡献专业智慧与实践力量。相信在与城市更新相关从业者的共同努力下,城市总师模式将进一步推动新型城镇化纵深发展,为新发展阶段的城市高质量发展提供启迪和支持。

目录

第 1 章

城市更新行动再认识

从一般规律看，我国的城镇化进程已进入下半场，城市发展也进入了城市更新的重要时期——由"大规模增量建设"转为"存量提质改造和增量结构调整并重"阶段，即从解决"有没有"转向解决"好不好"问题。实施城市更新行动，是党中央准确研判我国城市发展新形势，对进一步提升城市发展质量作出的重大决策部署。城市更新行动在统筹思维、要素整合、政策协同、机制创新等方面，提出了全新的使命要求。实施城市更新行动也具有多方面的重要意义，第一，它是顺应城市发展规律和发展形势，推动城市高质量发展的必然要求；第二，它是治理"城市病"，解决城市发展突出问题和短板的重要抓手；第三，它是推动城市开发建设方式转型，促进绿色低碳发展的有效途径；第四，它是坚定实施扩大内需战略，促进经济发展方式转变的重要举措。实施城市更新行动将为我国城市带来新的发展契机，为全面建设社会主义现代化国家注入强劲动力。

1.1　时代切换：城市开发与城市更新

1.1.1　从城市开发到城市更新的时代转折

在过去 30 年中，技术变革和社会思潮带来了人类城市生产生活方式的急剧变化，全球化和改革开放也带来了中国城市建设的急剧扩张。然而近年来，城市急速扩张模式的发展条件出现了阶段性变化，驱动城市扩张的土地、人口、财政等要素的发展轨迹也显现"拐点"，过去快速扩张的城市建设发展路径已受到极大冲击。事实上，在全世界城市的漫长发展史上，大规模快速新建都只会是阶段性的，更新和运营才是城市发展的常态。

增量时代，城市发展包括经济、社会、文化、科技等方面，城市作为人类文明发展的催化剂，规划更多关注的是其物质实体，也就是城市建设，而过去的城市建设主要是新建、改建和重建，规划透过宏大叙事对城市建设施加干预，主要作用于城市的发展。

存量时代的建设方式是以整治、置换和翻新为主的城市更新模式。面对更加复杂的城市更新，我们必须跳出开发建设的习惯语境，转而从城市运营的角度来思考城市如何去更新。要以经济特征、社会需求和环境责任为基础，综合考虑财政能力、金融手段和运营成本。

与城市开发模式相比，城市更新模式是截然不同的城市建设发展模式。前者以增量空间为主，后者以存量空间为主；前者是计划的、定向的、成片的，后者是随机的、遍在的、分散的；前者往往面对大颗粒的单一产权用地，后者往往是多元业主的、小颗粒度空间；前者是高投入、暴利的、"一锤子"式的投资，后者应是低门槛的、微利的、细水长流式的投资；前者以地方政府和地产企业来推动，后者的实施和参与主体却可以更多元；前者在设计上常常重空间（经济价值）、轻运营，后者却需运营导向，以终为始，按活动、内容、空间的顺序开展设计；前者是主观的、单调的，后者是有机的、有趣的……（图 1-1）。

在宏观经济层面，投资是拉动经济发展的重要动力，城市是投资的最大承担地。因此，继续使用城市开发模式思维来定义和实施城市更新，显然已不符合时代转折的趋势。在开发建设时代，由于房地产形成了汇聚各领域投资的渠道，起到了促进国民经济和社会发展的投资锚点作用；如今，实施更为广泛的城市更新行动，通过小颗粒、大规模的方式，能够促进城市的全面更新。尽管单个城市更新项目投资额较小，但由于项目数量庞大，吸引的总体投资规模还是非常巨大的，可以成为新的投资锚点。此外，这种小颗粒的城市更新，其投资的主体非常分散，它的投资动机和对效益的追求比过去粗颗粒建设时期要更加灵活，笔者认为城市更新能够为整个国民经济的发展发挥巨大作用，这也是规划从业者参与社会经济发展大有可为的地方。

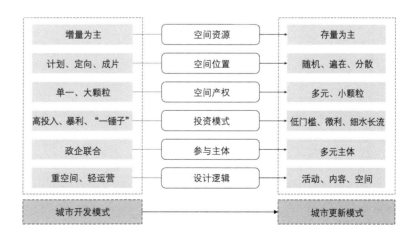

图 1-1　城市开发模式与城市更新模式

1.1.2　提质增效的新型城镇化纵深发展

在党的十九届五中全会筹备之际，住房和城乡建设部向党中央呈交了《关于"十四五"时期将"城市提质增效"作为国家重大发展战略的建议》的报告。报告提出在新的历史时期，国家对城市更新要有一个新的战略，即"提质增效"。主要包括以下五个方面：一是我国的城镇化水平已经突破60%，从以农业人口为主转变为以城市人口为主，城市发展进入提质增效的重要时期；二是城市变得更加重要，是我国经济社会发展的主引擎，也是扩大内需的主战场；三是提质增效是推动解决城市发展中的突出问题和短板，提升人民群众获得感、幸福感、安全感的重大举措；四是城市提质增效对推动转变经济发展方式具有十分重要的作用；五是城市提质增效有效衔接国家区域协调发展战略和乡村振兴战略，形成完整的国家空间发展战略体系。

城镇化是现代化的必由之路，对构建新发展格局、促进共同富裕等都具有重要意义。党的二十大报告中强调，"推进以人为核心的新型城镇化，加快农业转移人口市民化。以城市群、都市圈为依托构建大中小城市协调发展格局，推进以县城为重要载体的城镇化建设"。这些重要部署，为新发展阶段推进新型城镇化明确了目标任务，提供了重要遵循依据。

经过近10年发展，新型城镇化战略愈发向提质增效的纵深发展。为推动城镇化质量不断提高，国家发展和改革委员会2022年印发了《"十四五"新型城镇化实施方案》（以下简称《实施方案》），明确了"十四五"时期推进新型城镇化的目标任务和政策举措。《实施方案》提出，"十四五"时期，我国仍处在城镇化快速发展期，城镇化动力依然较强。同时，城镇化质量有待进一步提升，城镇化发展面临的问题挑战和机遇动力并存。要破解问题、应对挑战、紧抓机遇、释放动力，推进新型城镇化不断向纵深发展。

1.1.3　存量提质改造和增量结构调整并重

当前，我国城镇化发展步入中后期，城市建设由大规模增量建设转为存量提质改造和增量结构调整并重，进入城市更新的重要时期。城市更新行动是为人民群众创造高品质美好生活空间的民生工程，也是稳增长、调结构、推改革的发展工程。据不完全统计，2022 年全国已有 571 个城市的 6.5 万个城市更新项目，这些项目的实施对于完善城市功能、增进民生福祉、促进经济发展发挥了重要作用。城市更新行动的主要目标是牢牢抓住让人民群众安居这个基点，从好房子到好小区，从好小区到好社区，从好社区到好城区，进而把城市规划好、建设好、治理好，打造宜居、韧性、智慧城市。

实施城市更新行动具有多方面的重要意义。第一，它能够加速推动城市新经济，对城市闲置或低效资源进行统一梳理、统一评估，统筹考虑城市空间更新布局，更好地服务于新的产业链；第二，它能够重构与发展城市新功能，通过更新设施和公共服务完善城市复合功能，增强城市活力，更好地满足居民的居住和休闲需求；第三，它能够打造城市空间新意境，让人工景观、自然景观、建筑文化更好融合，再现中国传统特色城市意境；第四，它能够引领城市建设新科技，推进数字化、网路化、智能化的新型城市基础设施建设和改造，全面提升城市建设水平和运行效率。

城市更新要把握一个重要原则，不是简单地推倒重来，而是要"留改拆"并举。"留"的不仅是经济价值，还包括社会价值、文化价值、情感价值、记忆价值、历史价值，让城市留下成长的"年轮"。"改"是根据风貌特色的需要，对内外都进行修缮改造，赋予它新的功能。"拆"主要是针对的危房，还有违法的私搭乱建。

存量提质改造和增量结构调整并重这一系列变化尤其集中于城市既有建成地区、重点发展新区及超级工程中，项目呈现出多专业、多部门和多元主体的高度集成特性，空间管控面临更加复杂、综合和更高的新技术集成性挑战，且建设实施的周期拉长，并具有很强的政策性、制度性和不确定性。

在存量提质改造方面，城市更新聚焦于以下内容。一是老旧小区改造，对老旧小区进行改造升级，提高居民居住环境和生活品质。二是历史文化街区保护，保护和修缮历史文化街区，重塑古老街区的历史风貌，促进城市文化传承。三是工业遗存改造，对老工业区和工业遗存进行改造，转型为创意产业园区或文化创意产业聚集区。四是城市绿地提升，提升城市绿地和公园的品质，改善城市生态环境。五是旧工业厂区改造，对废弃的旧工业厂区进行规划改造，打造创新创业园区或文化产业集聚地。

在增量结构调整方面，城市更新聚焦于以下内容。一是土地利用和规划，城市更新关注优化土地利用结构，包括制定合理的城市规划和土地利用政策，合理布局各类用地，促进城市功能的合理分区和集约利用。二是建筑创新和新型住宅开发，城市更新会关注建筑创新和新型住宅，包括推广绿色建筑、智能建筑、可持续建筑等，满足城市发展的住房需求。三是城市产业结构调整，城市更新聚焦城市产业结构的调整，在新的发展阶段推动产业升级和转型，促进新兴产业和服务业的发展。四是促进就业和经济发展，城市更新聚焦促进就业和经济发展，包括提供就业机会、促进创业创新、引进外部投资等措施，推动城市经济的持续增长。五是新型城市基础设施建设，城市更新关注新型城市基础设施建设，包括新能源、智能交通、数字化网络等，提升城市的基础设施水平。

1.2　从"城市更新"到"更新行动"

"城市更新行动"包括"城市更新"与"行动"两层涵义。"城市更新"在学术研究和实践领域中已基本形成共识，是城市物质空间形态与内部功能组织为了与新的社会经济需求相适应而发生演替的过程，既包括在城市发展过程中带有自发性的缓慢更替，也包括在政治、资本及社会等外部因素驱动下而发生的快速转型。随着我国城市发展从增量模式向存量模式的转变，城市更新已成为优化城市发展的重要手段，也是存量空间利用的主要形式。从各地出台的城市更新条例或城市更新实施办法看，城市更新的内涵已经相对统一，主要是指对城市建成区内的空间形态和功能进行可持续改善的活动，一般包括设施完善、功能优化、品质提升和历史保护等方面。而"行动"是指为实现某种目的而进行的有意识的活动，与"城市更新"相比，"城市更新行动"更强调其目的性及组织性，更强调政策层面的支持和战略层面的引领，涵盖了从政策制定到项目执行的各个环节，确保城市更新项目的顺利进行和目标实现，以达到城市更新的根本改善和长远发展。

1.2.1　我国城市更新发展的阶段划分

城市更新自产业革命以来一直都是国际城市规划学术界关注的重要课题，是一个国家城镇化水平进入一定发展阶段后面临的主要任务。中国城市更新自1949年发展至今，无论在促进城市的产业升级转型、社会民生发展、空间品质提升、功能结构优化方面，还是在城市更新自身的制度建设与体系完善方面，都取得了巨大的成就。今天，伴随城镇化进程的持续推进，中国城市更新的内涵日益丰富，外延不断拓展，已然成为城市可持续发展的重要主题之一。由于不同时期发展背景、面临的问题、更新动力以及制度环境的差异，其更新的目标、内容以及采取的更新方式、政策、措施亦有所不同，呈现出不同的阶段特征。回顾梳理中国城市更新发展历程，有利于更好地了解历史，把握当下，看清未来的发展方向。

广义上来看，中国的城乡规划体系诞生于计划经济时期，其历史演化的起点突出表现为"经济计划"的"延伸"，早期的城市规划与更新活动具有突出的政府主导特征。直至改革开放以来，市场力量与社会力量不断增加，中国的城市更新开始呈现政府、企业、社会多元参与和共同治理的新趋势。根据我国城镇化进程和城市建设宏观政策变化，将中国城市更新划分为相应的 5 个重要发展阶段（图 1-2）。

1. 第一阶段（1949—1977 年）——生产性城市建设

城市建设秉持"变消费城市为生产城市"与集中力量开展"社会主义工业化建设"的基本国策，1962 年和 1963 年的全国城市工作会议都明确了"城市面向乡村"的发展方针。在财政匮乏的背景下，城市建设仅着眼于最基本的卫生、安全、合理分居问题，旧城改造的重点是还清基本生活设施的历史欠账，解决突出的城市职工住房问题，同时结合工业的调整着手工业布局和结构改善。当时建设用地大多仍选择在城市新区，旧城主要实行填空补实。

2. 第二阶段（1978—1989 年）——加强城市建设工作

1978 年 3 月，第三次城市工作会议制定了《关于加强城市建设工作的意

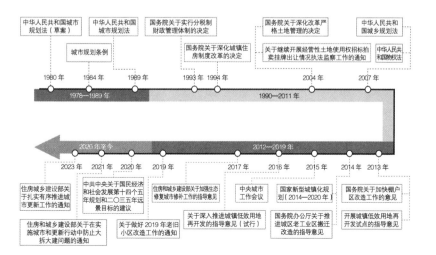

图 1-2 我国城市更新发展阶段划分

见》，该文件的颁布大幅度提高了城市建设工作的重要性。1984 年国务院颁布了第一部有关城市规划、建设和管理的基本法规——《城市规划条例》，提出"旧城区的改建，应当遵循加强维护、合理利用、适当调整、逐步改造"的原则，这对于当时还处于恢复阶段的城市规划工作具有重大转折性意义。此后，伴随国民经济的日渐复苏以及市场融资的支持，大部分城市开始发生急剧而持续的变化，城市更新日益成为当时城市建设的关键问题和人们关注的热点。

3. 第三阶段（1990—2011 年）——土地有偿使用制度

过去"控制大城市规模，重点发展小城镇"的城市发展方针发生转变。与此同时，土地使用权出让与财政分税制的建立，释放了土地使用权从国有到私有的"势能"。在这样的制度背景下，"自下而上"的人口城镇化与"自上而下"的土地财政双重驱动，旧城更新通过正式的制度路径获得融资资金。以"退二进三"为标志的大范围城市更新全面铺开，一大批工业企业迁出城市市区，企业工人的转岗、下岗培训与再就业成为这一时期城市更新最大的挑战。

4. 第四阶段（2012—2019 年）——新型城镇化建设

我国城镇化率超过 50%，过去几十年的快速城镇化进程埋下了生态环境与粮食安全的危机，面对空间资源趋向匮乏、发展机制转型倒逼的现实情境，城市更新成为存量规划时代的必然选择。2014 年《国家新型城镇化规划（2014—2020 年）》发布以及 2015 年中央城市工作会议的召开，标志着我国的城镇化已经从高速增长转向中高速增长，进入以提升质量为主的转型发展新阶段。党的十九大进一步明确将人民日益增长的美好生活需要作为国家工作的重点。在新的历史时期，城市更新的原则目标与内在机制均发生了深刻转变，城市更新开始更多关注城市内涵发展、城市品质提升、产业转型升级以及土地集约利用等重大问题。

5. 第五阶段（2020 年至今）——实施城市更新行动

党的十九届五中全会审议通过的《中共中央关于制定国民经济和社会发展第十四个五年规划和二〇三五年远景目标的建议》明确提出实施城市更新行动，这是以习近平同志为核心的党中央站在全面建设社会主义现代化国家、实现中华民族伟大复兴中国梦的战略高度，对进一步提升城市发展质量作出的重大决策部署。

1.2.2　实施城市更新行动的战略部署

实施城市更新行动，是党中央准确研判我国城市发展新形势，对进一步提升城市发展质量作出的重大决策部署。城市更新行动的概念具有典型的实用特征，最初并不是由学术界提出，而是首先在政策文件中出现的，然后逐渐被学术界研究和理解。

1. 城市病——城市双修

2015 年，具有里程碑意义的中央城市工作会议再一次召开，提出要转变城市发展方式，完善城市治理体系，提高城市治理能力，着力解决城市病等突出问题，要求坚持集约发展，框定总量、限定容量、盘活存量、做优增量、提高质量，并明确要加强城市设计，提倡城市修补等要求。2017 年住房和城乡建设部出台文件《关于加强生态修复城市修补工作的指导意见》，提出全面推进"城市双修"工作，以改善生态环境质量、补足城市基础设施短板、提高公共服务水平为重点，转变城市发展方式，治理"城市病"，提升城市治理能力；工作要求先开展调查评估，再编制专项规划，然后制定实施计划；工作内容包括修复城市生态、修补城市功能、健全保障制度等，分 3 批开展共 58 个城市的试点工作。可以说，"城市双修"是简化版的城市更新行动，以政府为主要实施主体，调动城市各个系统资源，关注城市关键空间要素，强调问题导向和实施导向，强调统筹协调、分类推进，强调物质空间和城市治理的并重。

2. 城市更新——老旧小区改造

2019 年中央经济工作会议首次强调了"城市更新"这一概念。会议提出要加大城市困难群众住房保障工作，加强城市更新和存量住房改造提升，做好城镇老旧小区改造，大力发展租赁住房。2020 年 7 月《国务院办公厅关于全面推进城镇老旧小区改造工作的指导意见》提出："坚持以人民为中心的发展思想，坚持新发展理念，按照高质量发展要求，大力改造提升城镇老旧小区，改善居民居住条件，推动构建'纵向到底、横向到边、共建共治共享'的社区治理体系，明确改造任务，建立健全组织实施机制，建立改造资金政府与居民、社会力量合理共担机制，完善配套政策，强化组织保障。"这一阶段，城市更新从学术概念正式进入中央文件中，但是政策的重心还是老旧小区改造。

3. 城市更新行动——城市更新试点

2020 年 10 月，《中共中央关于制定国民经济和社会发展第十四个五年规划和二〇三五年远景目标的建议》指出：实施城市更新行动，推进城市生态修复、功能完善工程，统筹城市规划、建设、管理，合理确定城市规模、人口密度、空间结构，促进大中小城市和小城镇协调发展。强化历史文化保护、塑造城市风貌，加快城市老旧小区改造和社区建设，增强城市防洪排涝能力，建设海绵城市、韧性城市。《中华人民共和国国民经济和社会发展第十四个五年规划和 2035 年远景目标纲要》（下文简称"'十四五'规划纲要"）指出：加快转变城市发展方式，统筹城市规划建设管理，实施城市更新行动，推动城市空间结构优化和品质提升。

2021 年 11 月，《住房和城乡建设部办公厅关于开展第一批城市更新试点工作的通知》决定在北京等 21 个城市（区）开展第一批城市更新试点工作。自此，城市更新行动成为中央和地方的共识，并在全国范围内开展了包括 21 个试点城市在内的广泛推广。

1.2.3　开发建设转型与经济发展转变

有专家认为，城市更新行动是"推动城市开发建设方式转型、促进经济发展方式转变的有效途径"，其本质就是打破土地金融模式下畸形的城市发展路径，寻求城市各领域更为均衡协调的发展以及形成更加可持续的政府财政模式。

1. 对于国家宏观经济，城市更新行动应上升为"城市更新战略"

自 2008 年"四万亿计划"以来，每一项国家战略往往都被解读为吸纳巨大投资的新平台和"蓄水池"，先后已有"铁公基"、房地产、新基建、新农村、新能源等题材，基本遵循了"条条"体制，且具有范围窄、投资大、决策易、实施快等特征。

然而对于中国长期而高质量发展的要求来讲，针对城市的有效投资才是促进经济社会环境文化发展最高效的投资。但城市是复杂的综合体，投资城市一定是繁杂、琐碎、缓慢的，要求更多的研究、更广泛的决策和更系统的实施，这是"块块"治理的突出特征，也是中国进入"城市时代"后不可规避的体制性"必答题"。

城市更新行动实际上就是策划每年的城市投资行动，持续性地引导城市的不断改进。从这个意义上来说，城市更新"行动"的定位偏低且不明确，因而对行动效果的预期难以乐观，应当上升为国家"城市更新战略"，建立更高的目标，赋予更高的地位，配置更多的资源，建立更科学的机制，方能为国家可持续高质量发展奠定良好的基础。

2. 对于城市建设，城市更新行动应是"模式升级"

城市的发展是长期的，快速扩张只是阶段性的，更新提升才是常态。中国近四十年的城市发展是重大的历史机遇，功莫大焉！但其基本特征和整体机制都以扩张新建为主，扩张的规模已经超过理性需求，难以为继。

面对已经到来并长久持续的存量提升形态，城市更新行动不但要回应经济发展方式转变的机制重建问题，而且要解决城市建设方式转变的方法探索问题，建立城市可持续高质量发展的新模式。

各级决策者眼中早已觉察到新趋势，但脚下却仍踟蹰于旧路径，这时候必须加强国家层面的方向把控、机制引导和政策保障，才能激发城市全方位的"万象更新"。

3. 对于地方政府，城市更新行动应是施政"手段"

城市更新行动是继"城市双修"以来对存量发展状态下城市建设机制的进一步锤炼，应当成为今后各级城市政府施政的重要手段。

新的城市发展理念、新的解决问题路径、新的资源调配平台、新的项目统筹机制、新的市区联动模式、新的公众参与渠道……几乎新时期城市治理的各个方面，都可以在城市更新行动这个平台进行持续渐进的探索。

因此，城市更新行动先要形成方法论，再制定出任务单，结合城市政府工作实际，量身提供最适宜的修炼工具和改善行动。

4. 对于城市规划，城市更新行动应是重大"方向"

在国家发展的新时代，既要通过国土空间规划改革，抓好宏观层面的全域全要素统筹，制定并严格落实管控底线和规划要求，也要引导城市层面以现状为基础进行渐进式改善提升，以适应人本化服务、精细化治理需求。

城市更新行动要求从无限目标倒推式的城市规划 1.0，升级为有限目标渐进式的城市规划 2.0。城市规划不能仅在传统工作平台上加入操作要素和内容，而更需要探索一套从决策支持到决策实施的工作机制。更确切地说，未来城市规划的核心任务要从规划增量转到升值存量，从设计城市建设转到为城市运营提供咨询，让城市从"长身体"到"长智力"。

1.3　城市更新行动的制度优势

1.3.1　国体、政体、规体再认识

"十四五"规划纲要提出，"健全社会主义市场经济条件下新型举国体制"。中央经济工作会议提出，"要发挥新型举国体制优势"。习近平总书记也反复强调，"要完善关键核心技术攻关的新型举国体制"。我国的国体、政体、规体高度统一，具有"集中力量办大事"的独特优越性，是城市更新行动中最重要的特征和优势。

具体来说，国体是指国家的根本制度和政治体制，包括国家的根本法律、国家权力机构、国家组织形式等。我国实行集中统一领导的国家体制，这有利于整合资源，形成合力。在城市更新中，政府能够充分发挥主导作用，协调各方利益，推动城市更新的顺利进行。同时，政府的宏观调控能力有助于平衡市场机制和社会需求之间的关系，确保城市更新的可持续性。政体是指政府的组织形式、决策程序和运作机制。我国的政体是人民代表大会制度，政府由人民选举产生，对人民负责。在城市更新中，政府能够充分听取人民的意见和建议，确保城市更新的决策符合人民利益。同时，政府具有强大的组织协调能力和执行力，能够高效推进城市更新的实施。规体是指规划体系及其相关法律法规、规章制度。我国的规划体系注重科学性、前瞻性和综合性。在城市更新中，科学的规划能够为城市更新的决策提供科学依据，确保城市更新的可持续性和长期效益。前瞻性的规划能够预测未来发展趋势，为城市更新提供指导。综合性的规划能够综合考虑经济、社会、环境等多方面因素，确保城市更新的全面性和协调性。

1. 体制机制优势与规划治理困境

在规划治理的整体变革中，不仅规划编制体系需要变革，管理和实施体系也需要依据国体、政体、规体实现有为政府的变革。应充分发挥国体、政体优

势，打造中国特色的现代治理体系。我国体制机制的首要特征是"决策有力"，有一个稳定的政治核心，并能够做出明确的决策；其次是"问题导向"，能够发现问题，并以解决问题的思维方式采取行动；再次是"社会回应"，在问题导向下，充分回应社会需求；最后是"多样实践"，从试点行动，到局部实践，再到全面推广，具有不同层次实践的多样性。同时，我国的规划治理还面对诸多现实困境：一是编制与管理的割裂，编制主体的技术与组织能力不足，编制与后续管理、实施脱节；二是管理与实施的脱节，管理人员不足，贯彻能力不足，设计管理真空，难以把控质量，管理实施环节碎片化；三是行政信息传输缺乏横向和整体性统筹，阻碍城市的长远发展。

规划作为空间治理的重要公共政策，具有政策属性、技术属性、实施属性三大属性。政策属性是城市规划的基础属性，规划方案最终经由政府部门通过颁布行政法令的方式得以开展和落实。同时，城市规划行为与一般政府行为的不同在于，它具有非常专业的技术属性，如果规划的编制和管控中缺少强有力的技术支撑，城市的高质量发展就没有办法得到落实。最后，规划还有实施属性，要把规划的长远目标和近期实施有效地结合在一起。

2. 我国国体、政体的优越性

2019 年 11 月，党的十九届四中全会强调坚持党的领导、人民当家作主、依法治国的有机统一，提出坚持和完善中国特色社会主义制度、推进国家治理体系和治理能力现代化的总体目标。这一总体目标体现了中国特色社会主义制度无比强大的生命力和优越性，即党的领导是人民当家作主和依法治国的根本保证，人民当家作主是社会主义民主政治的本质特征，依法治国是国家治理的基本方法，坚持三者有机统一是加强和完善国家治理的战略选择。国家治理体系的构建体现了以人为本价值观的转变，紧紧围绕"五位一体"总体布局、协调推进"四个全面"战略布局建立国土空间规划体系，坚持以人民为中心，为国家发展战略的落地实施提供空间保障。

在以人为本的价值观引领下，传统以增量开发为主的发展模式难以适应新时代的需求，亟需创新空间治理模式。通过空间资源的集约高效与合理管控来提升城镇化发展质量，统筹社会经济发展与国土空间开发，缩小区域和城乡差距，推进城市更新行动的实施。以人为本价值观下的规划治理体系平衡了人与生产、人与生活、人与生态的关系，引导各方利益达到最佳平衡点，实现了国土空间资源的合理使用和分配。我国国体、政体优越性也决定了践行社会主义民主是国家治理法治化的必然要求，在构建规划治理体系过程中，应当将人民至上、民主决策融入国土空间规划中，实现全民参与国土空间的治理，最大限度地扩大公民及社会组织的话语权和参与权，保障全体人民的最广泛利益，体现人民当家作主，实现从传统城乡规划蓝图的技术绘制到民主决策的空间治理转变。

3. 城市更新与国体、政体、规体高度统一

我国的国体、政体、规体在城市更新中具有诸多优势。一是政府主导：城市更新往往由政府主导，这有利于集中力量办大事，整合各方资源，推动城市更新的顺利进行。政府可以通过制定政策、提供资金支持、协调各方利益等方式，为城市更新提供有力保障。二是强大的规划能力：我国拥有完善的规划体系，包括城市规划、土地利用规划、交通规划等，这为城市更新提供了科学指导和依据。通过合理规划，可以优化城市空间布局，提高土地利用效率，改善城市交通状况，提升城市环境品质。三是有效的土地管理制度：我国的土地管理制度为城市更新提供了土地保障。政府可以通过土地征收、土地使用权出让等方式，为城市更新提供必要的土地资源。同时，严格的土地利用规划和监管制度也有助于确保土地资源的合理利用和保护。四是多元化的资金来源：我国的城市更新资金来源多元化，包括政府财政投入、社会资本参与、银行贷款等。这为城市更新提供了充足的资金支持，有助于推动城市更新的顺利进行。五是完善的法律保障：我国拥有完善的法律法规体系，为城市更新提供了法律保障。政府可以依法进行城市更新工作，确保城市更新的合法性和公正性。同时，法律法规也可以保护各方利益，促进城市更新的和谐发展。

可以认为，城市更新行动背景下的总师模式，能够充分发挥我国"国体、政体、规体"优势，实现有为政府的变革，打造中国特色的现代治理体系，其在行政管理、技术统筹、实施管控上展现的优势，正是当前时期城市规划治理的探索创新方向。总师模式对运用系统观念、系统方法，充分发挥具有中国特色的国体、政体、规体优势，提升空间治理的科学性、有效性和落地性，塑造新的规划治理角色认知，促进国土空间治理现代化等方面具有重要的支撑作用。

1.3.2　新发展阶段的地方再探索

城市发展正在由外延扩张式向内涵提升式转变，城市更新作为存量时期主要的城市发展和空间治理方式，是资源环境紧约束背景下国土空间规划管理的重点领域。从北京、上海、深圳等 10 个城市的实践经验来看，城市更新随着国土空间规划工作深入推进，享受到越来越多的"多规合一"改革红利。

与过去旧城改造中常见的大拆大建不同，新发展格局下各地不再"头痛医头、脚痛医脚"，而是将城市作为有机生命体，把城市更新作为重要内容纳入国土空间总体规划、详细规划和专项规划体系，对城市更新区域开发保护活动在空间和时间上系统谋划、统筹安排，推进内涵式、集约型、绿色化的城市有机更新模式，突出强调从提升身边的空间品质入手，精准回应人民群众对美好生活的向往。

1. 北京：构建五大更新体系，推进更新行动实效

城市更新是建设国际一流和谐宜居之都的重要手段，应坚持首善标准，以人民为中心，从人民群众的根本利益出发，不断增强人民群众获得感、幸福感、安全感。构建更新空间体系，聚焦存量空间，加强街区统筹，以块统条、以条促块，做好基础设施类系统保障、居住类保护更新、产业类"腾笼换鸟"、公共空间类品质提升，通过系统强化公共服务、市政和安全设施的支撑能力，推动城市环境品质、空间结构和功能效益的整体优化提升，为构建高质量发展新格局提供有效的空间载体。

北京市在城市更新中严格贯彻落实总体规划"控增量、促减量、优存量"的工作要求，坚持规划引领、街区统筹，坚持政府引导、市场运作，坚持政策推动、项目带动。在建立更新工作体系、探索更新方法体系、强化更新组织体系、构建更新动力体系、完善更新实施体系等五大更新体系支撑下，不断改革探索，凝聚共识，以人民为中心，更新"四"类空间（图 1-3）。

2. 上海：规划全生命周期管理保驾护航

上海市坚持各级国土空间规划在城市更新中的全面引领，加强法治保障，系统推进各类城市更新行动，通过国土空间规划监督管理有效保障城市更新项目建设。

1）规划编制方面：国土空间总体规划层面，明确全市各类型城市更新目

图 1-3　北京市城市更新专项规划
（资料来源：北京市规划和自然资
源委员会）

标策略；单元规划层面，明确城市更新公共要素底线及发展要求；控制性详细
规划层面，明确更新建设的开发指标和公共要素具体建设运营管理要求，强调
实施导向。

　　2）实施推进方面：通过近期规划明确城市更新近期重点的空间战略与行
动任务。上海系统开展了各类城市更新行动，主要包括："行走上海"活动激
发的量大面广的社区空间微更新，开展共享社区计划、创新园区计划、魅力风
貌计划、休闲网络计划等四大更新行动计划；全面推动虹口北外滩、宝山吴淞
等重点地区整体转型提升；以"15 分钟社区生活圈"建设为抓手，全面推动
社区更新（图 1-4）。

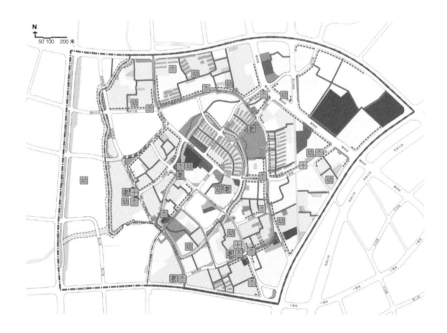

图 1-4　普陀曹杨新村街道"15
分钟社区生活圈"社区规划蓝图（资
料来源：上海市规划和自然资源局）

3）政策保障方面：制定了多项覆盖产业、商业商办、城中村、居住、风貌旧改等类型的城市更新配套政策。在总结多项城市更新行动实践经验的基础上，制定并实施了《上海市城市更新条例》。

4）监督管理方面：以全生命周期管理统筹城市更新相关规划、建设、管理全过程，建立贯穿事前、事中、事后的全生命周期管理闭环；将更新项目的公共要素供给、产业绩效、环保节能、物业持有、土地退出等全生命管理要求纳入土地出让合同监管。

3. 广州：夯实规划体系，强化存量再利用

广州市坚持国土空间规划引领，将城市更新纳入国土空间规划"一张图"，形成以存量资源再利用为主线的空间发展模式。建立总体规划定目标、定重点，专项规划建路径、建机制，详细规划控指标、定功能的城市更新规划管控传导机制。坚持专家领衔、集体审议、投票表决、全程公开的规划委员会审议制度（图1-5）。

1）建立完善的城市更新单元管理制度。广州出台了城市更新单元详细规划编审报批及产业配置、设施配套、交通评估等工作指引，构建了产城融合职住平衡指标体系。

2）注重历史文化和公共利益保护，坚持"以人民为中心"。一方面，编制《广州市城市更新与历史文化保护协调规划》，夯实历史文化名城保护管控底线及"底版"数据，提出城市更新与历史文化保护利用项目的组合实

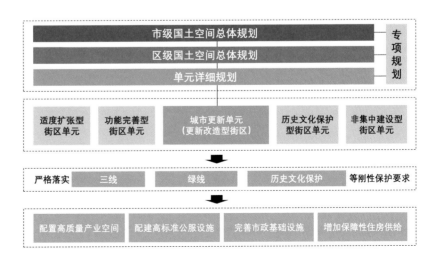

图 1-5　广州市城市更新规划管控传导机制（资料来源：广州市规划和自然资源局）

施路径。另一方面，编制《广州市城市更新（城中村改造）公共服务设施综合布点规划》，明确教育、医疗、养老、文化、体育、环卫等 16 项设施配套要求。

3）强化刚性管控。严格落实"三线"（永久基本农田、生态保护红线、城镇开发边界）、绿线、历史文化保护等要求，科学合理确定规划指标，配置高质量产业空间，完善公共服务设施和市政基础设施，增加保障性住房供给。将城市更新单元详细规划作为城市更新项目规划许可、改造实施的法定依据。

4）探索弹性管控。因地制宜制定地方标准，积极尝试存量地区的容积率上限和容积率奖励细则，提升城市空间品质，引导城市更新高质量健康发展。

4. 深圳：以"人民城市"理念推动城市更新

深圳市以"人民城市"理念系统推进城市更新工作，将符合条件的低效存量建设用地纳入标图建库范围进行改造，在规划管理方面进行了深入探索和实践（图 1-6）。

1）坚持规划引领。以国土空间总体规划为基本依据，编制市区更新专项规划，评估识别更新潜力对象，实施分区分类管理，明确历史文化风貌等空间管控要求，通过单元管理整合零散用地，传导落实上一层次规划目标。

2）坚持保护优先。采用"绣花"功夫进行微改造，将部分城中村、工业集中区划定为保留提升区，严禁大拆大建，鼓励开展综合整治有机更新，对古树名木、历史建筑等实施最严格的保护，传承历史文脉，保留城市记忆。

3）坚持公益优先。践行"人民城市人民建，人民城市为人民"的重要理念，要求更新项目无偿移交一定比例的公共用地、配建政策性用房和各类公共设施，规划中小学校 180 多所、社康中心 300 余处，公共住房约 1300 万平方米等，提升片区城市品质和公共服务水平，人民群众获得感显著增强。

4）坚持制度保障。基于存量用地开发的特点，坚持制度设计和法治实践相结合，在各个环节出台相应的政策规定和标准，形成以《深圳经济特区城市更新条例》为统领的政策体系，为规划的有效实施提供制度保障。

图 1-6　深圳市水围村综合整治项目——柠檬公寓（资料来源：深圳市规划和自然资源局）

5. 沈阳："人民设计师"问需于民

沈阳市深入践行"人民城市"理念，积极探索城市更新路径，不断完善规划管理举措，扎实推动项目落地实施（图 1-7）。

1）坚持规划引领，强化国土空间规划统筹管控。以国土空间总体规划为引领，提出城市更新分区和策略，推动城市更新示范区建设。落实总体规划空间布局，形成了总体城市设计成果，指导城市更新重点片区精细化管控。持续完善一张蓝图数据体系，制定了城市更新重点区域和城市更新单元两个图层，并统一纳入国土空间"一张图"平台。

图 1-7　辽宁省城市更新博览会（资料来源：沈阳市城乡建设局）

2）聚力精细化管理，推动城市更新行动落实落地。落实国土空间规划

要求，开展城市品质提升行动，实行城市精细化管理，按照"洁化、序化、绿化、亮化、美化、文化"总体要求，推动实施城乡接合部改造、老旧小区及背街小巷整治、街道有机更新、重要出入口景观提升、城市书房、口袋公园建设等一系列工程。沈阳市区编制城市更新行动计划，形成了"十四五"城市更新项目清单。

3）突出名城保护，加强历史文化资源活化利用。贯彻"以文化城"理念，加强历史文化资源活化利用，实施东贸库货厂、耐火材料厂、红梅味精厂、1905文创园等一系列工业遗存保护利用项目，打造了盛京皇城、奉天巷等一系列历史文化片区。

4）加大保障力度，提升城市更新项目建设品质。推行"人民设计师"制度，广泛参与街道更新、老旧小区改造、口袋公园建设等城市更新项目，问计于民、问需于民、问效于民，确保规划可落地、可操作、可实施。

6. 西安：历史文化保护与城市设计管控并重

西安市的城市更新工作坚持规划先行，加强规划统筹；坚持依规审批，严格落实规划管控要求；坚持城市和人民公共利益优先（图1-8）。

1）坚持先规划后建设。在规划管控方面，将城市更新作为国土空间规划体系的重要内容，结合西安市城市更新计划，统筹编制城市更新片区的控制性详细规划并履行法定报批程序，做到无规划不建设，在项目手续审批中严格落实各类规划管控要求。

2）坚持公共利益优先。坚持城市和人民公共利益优先原则，严格按照"四最标准"开展项目安置工作，以"最好的地段、最好的规划、最好的质量、最好的配套"保障居民利益，公服设施和基础设施配套不足的，一律不予审批。

3）坚持突出地方特色。在城市更新中，突出西安历史文化保护特色，落实城市设计管控思路。在城市更新项目立项前，要做好区域文物勘探工作，在规划中保尺度、保肌理、保风貌，延续城市历史文化本底。同时，将城市设计贯穿规划管理全过程，坚持城市设计先行，将城市设计管控内容落实到城市更新详细规划，并将其作为规划条件的重要内容纳入土地出让合同。

7. 南京：充分用好自然资源政策"工具箱"

南京市着力发挥自然资源部门"两统一"改革优势，充分运用政策"工具箱"，走规划统筹、集约发展、精细治理、内涵提升的新方式，分类推进城市有机更新（图 1-9）。

1）居住类更新方面：转变更新方式，以改善基本居住条件为根本，由传统征收拆迁方式转向"留、改、拆"方式，采用微改造"绣花"功夫，实现历史文化保护、城市功能完善、居住品质提升的有机更新；鼓励实施主体多元化，强调政府引导、多元参与，调动个人、企事业单位等各方积极性；以等价交换、超值付费为原则，采用等价置换、原地改善、异地改善、货币改善等多方式安置补偿；采取公开化工作流程，设立两轮征询相关权利人意见环节，实施过程中充分尊重民意，体现共建共治；从规划、土地、资金支持、不动产登记四个方面提出政策保障措施，不断加大放管服力度，降低城市更新成本，切实提高项目的可实施性和可操作性。

2）非居住类更新方面：拓宽开发主体范围，增加了原土地使用权人联营、入股、转让方式开发，允许通过设立全资子公司、联合体、项目公司作为新主体再开发；划分四种再开发模式，结合市情确定老城嬗变、产业转型、城市创新、

图 1-8　西影厂改造前后对比图（资料来源：西安市自然资源和规划局）（上图）

图 1-9　南京市城市更新规划管理体系（资料来源：南京市规划和自然资源局）（下图）

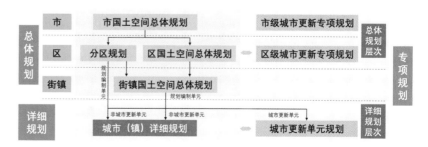

连片开发四种模式，分别对应老城中文保和公共配套完善、新业态发展、集中连片开发等再开发需求；放宽土地供应方式，特定条件下允许协议出让、带方案招拍挂、组合出让等多种供地方式；加大配套激励措施力度，设置了有关收益分配、整体开发、提高容积率、多用途复合利用、建租赁住房等方面的激励措施。

8. 长沙："一张图"引领城市更新全生命周期管理

长沙市在城市更新中坚持规划引领、评估先行，以综合效益为导向，以国土空间规划"一张图"为抓手，实行差异化更新、全生命周期管理。

1）明确机制设置。出台《关于全面推进城市更新工作的实施意见》，构建"总体—片区—项目"的更新规划管理制度，全面衔接国土空间规划体系，实现规划意图层层传导，保障年度重大项目实施。

2）体检评估识别问题。依托国土空间规划"一张图"，开展国土空间规划城市体检评估，以城市空间结构为评估对象，找出现状与规划的问题，明确更新管控策略。更新单元层面依托控规实施评估，科学诊断片区发展症结，指导更新规划编制（图1-10）。

3）资源要素保障。加强土地要素保障与城市更新工作管理联动，不断完善城市更新图层，有效解决批而未供、闲置用地等历史遗留问题。

图1-10　长沙市体检评估技术路线图（资料来源：长沙市自然资源和规划局）

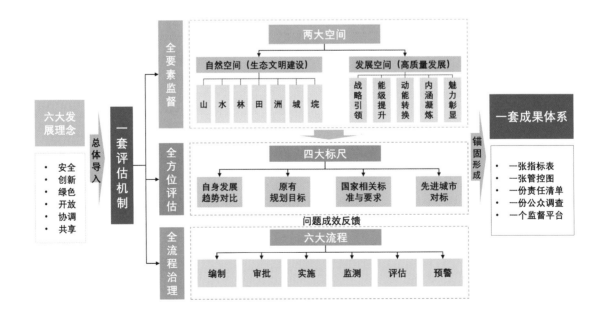

4）可持续更新。在推进城市更新过程中，转变单一经济效益导向，探索产业、民生和文化效益"最大公约数"的可持续城市更新途径。

5）因地制宜。在差异化更新的理念下，将建成区划分为更新核心区域和外围区域两个部分，核心区域以历史文化保护和综合整治为主，逐步向外疏解人口及非核心城市功能，外围区域承接核心区疏解功能，加快片区功能布局完善，提升城市品质。

9．成都：公园城市理念全流程传导

成都市围绕建设公园城市示范区总目标，以规划为战略统领，推动城市有机更新从顶层设计到落地实施全流程传导（图 1-11）。

1）科学规划，强化引领约束。在国土空间总体规划中编制城市更新专章，确立"提升城市竞争力和宜居度"的总体目标，提出更新总体指引。编制中心城区有机更新专项规划，落实国土空间总体规划要求，识别更新对象，划定 173 个更新单元，以产业空间、文化空间、交通空间、生态空间四类空间更新为重点，带动城市整体更新。编制首批更新单元实施规划，提出产业发展、公共服务配套、交通体系、生态织补、文化传承、空间布局等方面的内容，按程序纳入详细规划和国土空间规划"一张图"，以更新单元平衡利益、统筹实施。

2）精准施策，提振发展动能。充分发挥土地、规划、产权政策在城市更新中的关键撬动作用，持续创新政策供给。出台调迁企业优先用地、"双评估"补差、"地随房走"整体改造用地、保留建筑不动产登记、存量非住宅闲置房屋发展新产业规划许可"豁免"等 14 项支持性措施，引导低效空间资源

图 1-11　成都猛追湾片区改造前后对比图（资料来源：成都市规划和自然资源局）

更新利用、提质增效；加强城市更新用地开发强度统筹管理，提出容积率分类管控、平衡转移、容积率奖励等措施，引导旧城功能提升、塑造高品质空间形态。

3）回归人本，提升城市治理效能。出台城市剩余空间更新规划导则，指导桥下、屋顶等城市剩余空间更新利用，打造"金角银边"。创新河道一体化规划建设，统筹河道及滨水街区、慢行交通等多维要素，实现"城水共生"。聚焦社区公共空间，全面开展社区微更新，重构丰富多彩的社区场景、活力共享的社区生活圈，探索城市更新与社区共建共治共享的"成都方案"。

10. 重庆："场景营城"推进城市更新

重庆市以国土空间规划为总抓手，以城市更新为主要方法和目标，构建了"总体行动计划＋专项行动方案＋实施项目库＋标准导则体系＋实施保障措施"的开放型城市提升工作体系，按照谋划找定位、策划定功能、规划落空间、计划促实施的规划理念引领城市更新（图1-12）。

重庆市将"场景营城"作为深入推进城市更新工作的新路径、新方法贯穿到国土空间规划建设管理的全过程。聚焦"山水之城 美丽之地"总场景、总定位，构建中心城区"一核、两江、三谷、四山、五城、六名片"的城市空间格局。结合国土空间规划体系融合场景规划，部署"市—区县—乡镇""总规—详规—专项规划"三级三类全覆盖的场景营造项目实施机制。

同时，该市抓住国土空间规划编制、项目审批、土地出让三个关键环节，持续创新城市更新配套政策：对于增加公共服务功能的城市更新项目，有条件地给予一定比例的建筑面积奖励；通过告知承诺许可、核发规划意见等形式支

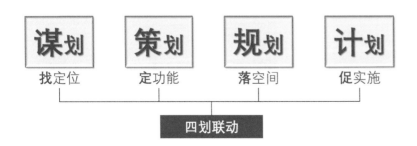

在总体规划指导下，运用场景营城思维，以重点功能片区为载体，
融合详细规划和城市设计作为手段展开

图1-12 重庆场景营城大规划路径（资料来源：重庆市规划和自然资源局）

持企业盘活存量转型升级。此外，全面推进社区规划师制度，助力推进城市更新实施。

1.4 城市更新行动的使命要求

1.4.1 统筹思维：转型发展的系统工程

当前对城市更新行动的讨论主要有两类理解。第一种是开发商的理解，认为城市更新行动是老旧小区改造、"三旧"改造等城市"再开发"。第二种是学科层面的理解，认为城市更新行动是城市更新的"升级版"。1989年颁布的《城市规划法》中提出了"新区开发"和"旧区改建"这组概念。新区开发是向外的扩张，旧区改建是拆掉老房子，向内的扩张，本质上都是为了新建，更新成了次要的行为。目前业界大部分的讨论还在这个概念范畴内。这两种理解实际上都是将城市更新行动"窄化"为旧区改建、历史保护、"三旧改造"等狭义的更新概念。

城市更新行动本身，更强调集整体性、系统性和底线性为一体的统筹思维。城市更新涉及城市社会、经济和物质空间环境等诸多方面，是一项综合性、全局性、政策性和战略性极强的复杂社会系统工程。城市更新既是当前社会经济发展工作的重中之重，是构建以国内大循环为主体新发展格局的重要支点，也是与人民群众福祉和生活质量提高紧密关联的民生工程。城市更新涉及多个方面，不仅与城市的物质性空间和功能提升有关，同时也与城市社会和经济的发展需求紧密相连。在这样一个多维度和多系统交织的大背景下，不能仅将城市更新看作是一种建设行为活动，而是需要将城市更新置于城市社会、经济、文化等整体关联中加以综合协调，树立科学和正确的城市更新价值观，更强调集整体性，系统性和底线性于一体的统筹思维，处理好局部与整体的关系、新与旧的关系、地上与地下的关系、单方效益与综合效益的关系以及近期与远景的关系，面向促进城市文明、推动社会和谐发展的更长远和更综合的新格局。

列入国家战略部署的城市更新行动不可能是狭义的土地再开发和拆旧建新的代称，而是面向整个城市的空间形态和城市功能的持续完善与优化调整活动。其要义是城市开发建设方式的转变，要让城市的规划建设从过去的远景目标拉动走上渐进改善提升的道路，即城市建设的2.0版本。

1.4.2　要素整合：顶层设计与底线约束

1. 在制度上大胆改革

现行的城市建设方式和管理制度，是在不断适应大规模、高速度开发建设过程中形成的，难以适应大规模城市存量的维护、改建、扩建、改造利用等需求。城市更新工作面临诸多制度障碍，需要顺应新阶段新形势新要求，整合各类资源要素，从国家层面进行顶层设计，统筹谋划、改革创新，建立一整套适用于城市更新的体制机制和政策体系。

城市更新会遇到很多困难，最大的困难不是技术，甚至也不完全是资金，而是针对城市更新缺少相应的制度供给。一方面，需要加强国家层面的顶层设计研究，加强与相关部门的合作，共同研究出台适用于城市更新的土地、财税、金融等支持政策，为各地城市更新制度障碍破局解困。另一方面，我们鼓励地方探索，推动城市更新试点，聚焦关键性堵点难点，指导各地深入探索创新。同时，指导有立法权的地方出台地方性法规，先行建立城市更新制度机制，目前，北京、上海都出台了城市更新条例，创新了制度政策。

2. 把握好三方面"底线"

一是守住城市历史文化保护"底线"。实施城市更新行动中，应防止大拆大建。历史街区、历史建筑既要保护好，也要活化利用好，让历史文化和现代生活融为一体、相得益彰。持续开展历史文化资源调查评估，严格保护管理，力求应保尽保。做好保护实施，严格执行保护规划，不随意突破规划管控要求。坚持将保护放在第一位，推动历史文化街区、历史建筑修复修缮和活化利用。

二是保障城市安全"底线"。桥梁、燃气管线、供水排水管线、热力管线等基础设施是保障城市安全运行、满足群众生产生活需要的重要生命线，也是城市更新的重点要素投入之一。一个城市在遭遇极端天气、自然灾害时，基础设施生命线的保供、保畅、保安全能力，是城市韧性的集中体现。要在城市更新中整合好生命线工程建设，通过数字化手段和城市更新，对城市的供水、排水、燃气、热力、桥梁、管廊等进行实时监测，及早发现问题和解决问题，让城市的保障能力大幅度提高。

三是守好民生"底线"。城市的核心是人，无论是新城区建设，还是老城区改造，都要坚持以人民为中心。根据 2022 年全国所有城市更新项目的初步统计，其中老旧小区改造、基础设施和公共服务设施补短板等民生工程占到近70%，应务实有效解决老百姓"急难愁盼"问题，提升居民的获得感、幸福感、安全感。

1.4.3　政策协同：可持续更新实施路径

1. 坚持城市体检先行

建立城市体检机制，将城市体检作为城市更新的前提。指导城市建立由城市政府主导、住房城乡建设部门牵头组织、各相关部门共同参与的工作机制，统筹抓好城市体检工作。坚持问题导向，划细城市体检单元，从住房到小区、社区、街区、城区，查找群众反映强烈的难点、堵点、痛点问题。坚持目标导向，以产城融合、职住平衡、生态宜居等为目标，查找影响城市竞争力、承载力和可持续发展的短板弱项。坚持结果导向，把城市体检发现的问题短板作为城市更新的重点，一体化推进城市体检和城市更新工作。

2. 发挥城市更新规划统筹作用

依据城市体检结果，编制城市更新专项规划和年度实施计划，结合国民经济和社会发展规划，系统谋划城市更新工作目标、重点任务和实施措施，划定城市更新单元，建立项目库，明确项目实施计划安排。坚持尽力而为、量力而行，统筹推动既有建筑更新改造、城镇老旧小区改造、完整社区建设、活力街区打造、城市生态修复、城市功能完善、基础设施更新改造、城市生命线安全工程建设、历史街区和历史建筑保护传承、城市数字化基础设施建设等城市更新工作。

3. 强化精细化城市设计引导

将城市设计作为城市更新的重要手段，完善城市设计管理制度，明确对建筑、小区、社区、街区、城市不同尺度的设计要求，提出城市更新地块建设改造的设计条件，组织编制城市更新重点项目设计方案，规范和引导城市更新项目实施。统筹建设工程规划设计与质量安全管理，在确保安全的前提下，探索优化适用于存量更新改造的建设工程审批管理程序和技术措施，构建建设工程设计、施工、验收、运维的全生命周期管理制度，提升城市安全韧性和精细化治理水平。

4. 创新城市更新可持续实施模式

坚持政府引导、市场运作、公众参与，推动转变城市发展方式。加强存量资源统筹利用，鼓励土地用途兼容、建筑功能混合，探索"主导功能、混合用地、大类为主、负面清单"更为灵活的存量用地利用方式和支持政策，建立房屋全生命周期安全管理长效机制。健全城市更新多元投融资机制，加大财政支持力度，鼓励金融机构在风险可控、商业可持续的前提下，提供合理信贷支持，创新市场化投融资模式，完善居民出资分担机制，拓宽城市更新资金渠道。建立政府、企业、产权人、群众等多主体参与机制，鼓励企业依法合规盘活闲置低效存量资产，支持社会力量参与，探索运营前置和全流程一体化推进，将公众参与贯穿于城市更新全过程，实现共建共治共享。鼓励有立法权的地方出台地方性法规，建立城市更新制度机制，完善土地、财政、投融资等政策体系，因地制宜制定或修订地方标准规范。

5. 明确城市更新底线要求

坚持"留改拆"并举、以保留利用提升为主，鼓励小规模、渐进式有机更新和微改造，防止大拆大建。加强历史文化保护传承，不随意改老地名，不破坏老城区传统格局和街巷肌理，不随意迁移、拆除历史建筑和具有保护价值的老建筑，同时也要防止脱管失修、修而不用、长期闲置。坚持尊重自然、顺应自然、保护自然，不破坏地形地貌，不伐移老树和有乡土特点的现有树木，不挖山填湖，不随意改变或侵占河湖水系。坚持统筹发展和安全，把安全发展理念贯穿城市更新工作各领域和全过程，加大城镇危旧房屋改造和城市燃气管道等老化更新改造力度，确保城市生命线安全，坚决守住安全底线。

1.4.4　机制创新：系统性与多元化要求

1. 系统性——城市体检和更新的关键

实施城市更新行动，关键是要找准问题和有效解决问题，要对城市实施体检。城市更新与城市体检的关系相辅相成，每个城市都有其特定的问题。城市是个复杂系统，其内部各要素之间相互影响，因此城市体检工作需要采用系统性思维，查找影响城市竞争力、承载力和可持续发展的短板弱项。

城市更新是一项宏观性、系统性极强的工作，更是存量发展时期城市战略落位的空间载体。战略规划的本质是"站在未来抉择现在，并把制胜的逻辑讲清楚"，因此城市更新若只考虑问题和单一经济价值观影响，仅注重存量土地盘活、土地供应方面以及短期经济利益的再分配，就浪费了宝贵的可开发存量空间。由于缺乏城市功能结构调整的整体考虑，单个零散的更新项目往往会背离城市的宏观目标，无法从本质上解决城市发展问题。这就要求在城市更新中要有区域系统思维，从战略的层面制定城市更新顶层规划，协调好城市空间结构、功能布局与更新单元协同关系，划定城市更新单元，提出总体定位和产业植入要求，系统增补公共配套和基础设施。

2. 多元化——可持续发展的重要条件

建立可持续的效益机制是城市更新绕不开的前提。在城市更新的国际实践中，从城市重建（reconstruction）、城市复兴（revitalization）、城市改造（renewal），到城市再开发（redevelopment）、城市再生（regeneration）和衰退下的再生（regeneration in recession），城市更新的内涵不断丰富。从早期的改善居住条件，到引入战略视角、带动区域开发、邻里自治、强调第三方参与等，更新实质都离不开更高的社会和经济回报。可以说，内城区域能否在更新后产生土地价值差，是城市更新开展的前提。

目前各地城市更新项目的盈利点仍主要聚焦于土地一二级联动开发带来的收益。这种模式无异于高成本的土地财政，同时也会带来城市内低成本空间的丧失，较高的开发容量会对城市基础设施增加负担。从近年来某市更新实施的情况看，易于开发的拆建类项目占比较高，但此类项目数量逐渐枯竭，而反映城市发展历程和集体记忆、具有城市公共价值的特色地区正在快速消失。

城市更新的模式正面临着变革和创新。运用市场化逻辑，找到可持续的商业模式，并用政策加以引导，是城市更新可持续发展的重要路径。未来城市应告别拆房子、盖房子、卖房子的模式，而是要通过持有、运营，获取持续的现金流，实现长期的回报方式。政府购买或租用资产，收储到一定比例，持有物业后投资改善环境、完善功能、提质增效，吸引新的业态进入，培育产业发展，才能够形成良性循环。同时将整个片区物业的增值服务提质升级，既满足老百姓对美好生活的追求，又能够通过盈利助推经济发展。

此外，鼓励居民自主更新。通过政策对更新区域居民自主改造进行引导，将大大调动群众的积极性，同时也能节省政府的成本。例如，新加坡在第一轮城市更新中采取了拆迁安置的模式；在第二轮的城市更新过程中，公共建筑投入就开始缩减，政府不再直接参与项目实施，而只是提出引导方针，鼓励更多的私营部门承担实体发展。政府提供专业知识、场地、基础设施、改造指引、社会计划和有利的投资环境，而充当经济流动性和管理的私营部门则主要承担经济实体项目。这种方式给城市更新带来了多样性，同时促进了社会和经济的平衡。

在经济下行周期拆迁成本高企的背景下，大部分的城市更新难以形成土地价值差。当前，要探索、推广一种能够降低更新成本、增加城市活力、保障就业、促进内涵增长的普适性更新模式。在此背景下，金融、运营、产业、政策、规划和设计等多元化专业合作、共同探索城市更新可持续的发展路径，势在必行。

第 2 章

总师模式的溯源与发展

何为"总师"？"总师"一词来源于苏联的军事制度，后来引进中国，并在军事和专业领域广泛使用。"总师"通常是指担任技术主管职务的人员，具备特定领域的专业知识和能力。在各行各业中，总师扮演着重要的角色，不仅负责项目的整体规划和管理，还在团队合作中发挥着巨大的作用。而聚焦到本书探讨的城市建设领域，同样有"总师"一词，广义上可包括总规划师、总建筑师、总工程师、总设计师、总经济师等，这种"总师"逐渐形成一种制度或模式指导规划建设统筹，统称为"城市总规划师"。城市是一个复杂巨系统，需要城市总师对规划、建设、治理全链条的把关和统筹。城市总师能够对城市发展进行整体的研究、决策和管理，能够较为长期地在宏观上把握城市的发展命脉，为城市政府决策提供规划、建筑和工程等方面的专业咨询，加强决策的科学性、继承性。

在规划建设领域，类似的"城市总规划师制度"在国际上早期已有诸多实践探索，如奥斯曼主持的巴黎改造、培根主持的旧金山城市设计、巴奈特参与的纽约城市设计，以及后来格罗皮乌斯提出的建筑师协作概念，法、日、德推行的协调建筑师、主管总设计师、专家顾问团等制度。我国针对总师模式的探索，主要聚焦于城市、片区和社区3个层面，城市层面包括城市总规划师、重点片区及复杂项目的总规划师、总建筑师、总工程师、总设计师等；片区层面包括项目规划师、详细规划师、工程规划师等；社区层面包括责任规划师、社区规划师、驻镇规划师、乡村规划师等。本书重点探讨在城市建设领域城市层面的城市总师模式。

2.1　溯源：中西方营城史中的总师模式

2.1.1　古代城市营建的总师思想萌芽

城市总师模式并非现代才出现，早在古代，中西方城市建设中就存在类似的职位和人物。在中国古代，城市规划和营建是由建筑师、工匠和官员等共同完成的，一些历史文献中也提到了一些"总师"的概念。例如，中国古代建筑大师李冰（709—784年）主持了东都洛阳城的修建，他在城市营建中强调了道路规划、公共空间设计和城市布局的对称性，这些都反映了总师思想的萌芽。唐代建筑大师李思训（654—717年）也是一位重要的城市营建总师，他主持了唐朝许多城市营建工程，其中最著名的是长安城的修建，他注重城市布局、城墙建设和道路规划，强调"龙脉之气"和"地势之利"，将城市建设纳入整个宇宙的生态系统。西方古代城市建设中，类似城市总师职位称之为"城市设计师"或"城市规划师"。古希腊城市营建中的总师思想也很突出，城市规划师希普那就是著名的城市总师，主张采用方格状的城市布局、开辟大型公共广场和通畅的街道，这种城市规划思想至今仍被广泛采用；希普那也非常注重城市建筑的功能性和美学价值，其城市规划理念为后来的城市营建和城市发展提供了重要的启示。总的来说，古代中西方的城市营建中都存在类似于城市总规划师的职位和人物，他们在城市规划和营建中扮演了重要角色。

2.1.2　西方城市营建的总师模式实践

国外在城市建设与管理中已经探索了各种形式的规划治理体系和模式，部分发达国家已经形成了成熟的制度和可借鉴的经验。例如，法国的协调建筑师制度，美国的城市设计审查委员会制度和社区规划师制度，日本的建筑协议制度和首席建筑师协同设计法，英国的设计审查委员会制等。还有很多著名的规划设计学者，长期专注于一些城市和某些地区的规划、设计、更新和跟踪。例如，艾德蒙·培根多年来一直致力于费城和旧金山的城市规划和设计，并在城市设计与地方政府的结合方面取得了突出成就；乔纳森·巴奈特参与的纽约市城市设计是成功实施城市总体控制模式的一个著名案例；日本建筑师桢文彦对代官山地区连续25年的设计和改造工作，提高了城市设计管理和规划合作的效率，提高了重点城市区域的空间质量和特色。这些实践为中国城市总规划师制度的模式创新和实践提供了经验和借鉴。

1. 美国：城市设计审议制度

美国城市设计审议制度起源于20世纪70年代，是法定规划体系在城市设计方面的管理控制制度，是以设计导则为标准的城市设计控制手段，也是美国开发控制制度和区划法的重要拓展。区划法是具有法律效应的刚性标准，而设计审议则以设计导则为准，是对刚性标准无法控制的内容予以控制，如色彩、材料、设计元素、景观等。城市设计审议制度主要通过设计审核与审查两种方式来控制城市建设项目质量，是政府控制城市设计或建筑设计中城市环境质量、美学形象等的重要工具。审核可以实现强制性政策的执行，如区划审核；审查可以实现原则性政策的执行，如设计审查。

美国城市设计审议的程序在不同城市存在一些差异，但总体可以归纳为预申请、申请、审查、审议、裁决五个步骤，以上步骤由设计审议委员会（Design

Review Committee）组织评议。设计审议委员会的成员由政府任命，定期进行换届选举，人员包括规划部门官员，规划、建筑专家，经济、工程、历史、法律等相关领域专家，各方利益代表及政府工作人员等，充分体现了利益公平原则和民主意识。项目申请人在正式申请设计审议之前与审议小组成员一起召开申请预备会，使申请人了解设计审议的相关城市设计导则依据、主要审议流程和必须提交的材料。美国的城市设计审议以城市设计导则为依据，部分小城市往往将审查和审议合并在公众听证会上完成，其中审查步骤是审议的基础阶段，目的在于通过前期的审查与修正工作减少后期审议环节中可能出现的意见分歧。具体由审查官员对设计个案进行核查，并允许设计个案进行必要的调整，在审查官员认定设计个案已基本满足导则要求后方可签署审查评估意见，并向审议委员会提交审议申请。一般情况下，审查官员的评估意见均会得到审议委员会的尊重，举行公众听证会的主要目的在于以导则为法律依据，就审查官员难于定夺以及公众预先或当场发表的各种意见进行裁定，并通过投票形成评审建议。在未发现评审过程中出现明显过失的情况下，官方相关管理部门作出的最终裁决一般与评审建议保持一致。

城市设计审议制度在旧金山的实践过程中，设置了审议委员会有效法定人数值，是在确保审议决策有效的前提下必须出席的最少委员会成员人数，也是审议提案通过所必须获得的最少得票数，审议委员会共设 7 名成员，有效法定人数值为 4 名。城市设计审议制度的核心技术手段是城市设计导则，审议委员会根据城市设计导则对设计方案进行审查审议，基地位置情况是城市设计导则可否优先使用的主要影响因素，在方案被认为不符合设计导则但可比设计导则更好地实现目标的情况下，可以放弃设计导则这一评判标准。最终城市设计方案仍以审议委员会的决策为主，综合判断公共环境、公共空间、城市形态等内容是否符合设计导则，是否能够实施建设。艾德蒙·培根参与的旧金山城市设计在设计审查程序中设置了自由裁量审查，公众或开发商均可以通过自由裁量审查质疑城市设计导则的控制权。在费城中心区的保护与规划中，艾德蒙·培根结合城市设计审议制度，锲而不舍地进行城市设计实践，提出了解决交通问题、保护城市传统格局和历史风貌、处理好新与旧的关系等规划与设计方法，致力于形成一个完整的"同时运动"系统。艾德蒙·培根在旧金山、费城的城市设计实践过程中，起到了一个城市总设计师的作用，他尝试将美国的城市设计审议制度与区划法结合，共同对城市设计进行控制。

美国城市设计审议制度衍生的设计审议委员会成为城市环境、风貌、景观的"总设计师",通过设计导则指引开发商和设计师,为管理人员提供行政决策的平台,为公众提供参与管理城市建设的平台,在美国城市设计过程中起到了综合统筹、组织多方协作决策和有效控制城市景观风貌的作用。

乔纳森·巴奈特是20世纪70年代美国很有影响力的城市社会活动实践家,他有着丰富的城市设计实践经验和渊博的建筑、规划理论知识。乔纳森·巴奈特基于对美国现代城市设计问题的反思及对传统城市设计思想的批判,提出了新的城市设计观念。他对多年城市设计实践进行总结,认为城市设计具有综合性、过程性、参与性和整体性的特点。1967年,乔纳森·巴奈特受市长委派在纽约成立美国第一个城市设计工作小组,之后担任纽约市总城市设计师,进一步在更大范围内实施城市设计。结合区划法和城市设计审议制度,纽约市率先建立了区划特别区,通过纽约市剧院地区、林肯广场、第五街、格林威治街及下曼哈顿地区等特定区的城市设计实践,促使城市设计目标和措施渐趋成熟,并解决了大尺度规划及设计的基本问题,不再将城市看作一个巨大的建筑物,而是充分考虑城市的综合性、复杂性和系统性,进行整体城市规划与设计。经过不断的实践与探索,乔纳森·巴奈特提出城市设计要综合多学科的知识、协调各种团体的利益关系,并且设计者自身要有明确的判断力,在各项决策中能提出自己的看法,这样才能完成一个好的城市设计,即"提供好的场所,而不仅仅是堆放一组美丽的建筑物"。1974年,乔纳森·巴奈特在纽约市城市设计经验的基础上出版了《作为公共政策的城市设计》一书,后来经过充实和修改,更名为《城市设计概论》出版发行。该书论述了城市设计内涵的演变,描述了纽约市的奖励区划实施技术及城市设计决策过程,其提出的城市设计是"设计城市而不是设计建筑"(design city without design building),以及城市设计是"一系列行政决策过程"的观点,强调了城市设计制度与实施技术在导控开发过程中的作用,对城市设计理论与实践的影响深远。

2. 法国:协调建筑师制度

法国的协调建筑师制度是为了衔接开发控制和建筑形态设计而提出的"总建筑师"制度,起到对城市设计项目实施承前启后、设计与管控一体化及组织协调的重要作用。协调建筑师是在项目开发策划初期,由城市开发主管机构竞标确定,经过严格的竞标和评审程序,通常最终入选的均为富有实力和名望的建筑师及城市规划师,以公共立场为导向作为所负责地区的总体设计师,起到协调者和管理者的作用。

法国规划体系主要分为战略性的总体规划和地方性的土地利用分区规划。其中，总体规划从大尺度上确立城市发展形态、土地用途配置、开发方式和主要基础设施，为地方性规划提供基本框架；土地利用分区规划明确用地性质、地块建筑功能、容积率等。2000 年，地方城市规划取代了土地利用分区规划，成为规划、建设与管理审批的重要依据。地方城市规划注重城市整体关系的协调有序，对城市空间布局、形态、建筑高度、立面、风貌特色进行约束，是协调建筑师进行城市设计管控与工作的重要依据。

法国协调建筑师在指导地方城市 10~15 年的规划发展过程中，以公共利益、专业素养为价值导向，担当所负责地区的总体设计、规划管理及组织协调等多重任务，通过制订方案、对上层规划进行反馈、对建筑进行管控、搭建协商平台等工作，管理及协调城市规划的原则性规定与具体建筑设计之间的关系，使宏观的规划设想能合理地落实到微观的空间环境中，推进城市设计落实，实现城市公共空间精细化管理和城市空间的品质提升，法国协调建筑师制度使单体建筑具有自己的个性，同时又取得总体协调的效果。

巴黎左岸协议开发区改造是巴黎城区大规模的城市改造项目（图 2-1），20 世纪 70 年代巴黎市政府就开始探讨这一地区整治改造的潜力和可行性，并在 1987 年明确提出规划目标，1988 年启动了塞纳河北岸的贝西协议开发区整治规划项目，1991 年委托巴黎整治混合经济公司牵头运作左岸地区的更新改造，制定开发计划的目标，规划设计新的城市结构，加强 13 区与塞纳河之间的联系，促进城市功能的多样化和社区混合性，以更好地将新规划区融入周边老城区，加强就业能力，平衡东西部经济发展差距。

在具体的项目街区设计中，巴黎整治混合经济公司联合协调建筑师制定具体的规划设计手册，编制该街区城市、建筑、景观和环境等方面的指导手册和各地块的详细规划。在全套规划设计文本编制完成后，举行相关开发商听证

图 2-1　巴黎左岸协议开发区区位与现状（图片来源：城市更新网）

会，协调组织开发商自由地选择负责其项目的建筑设计师进行建筑单体的方案设计；在协调建筑师的协助下由巴黎整治混合经济公司根据提交方案的优劣和报价来选择确定准入的开发商。在选定开发商及单体建筑方案初步构思、建筑方案最终形成和建造实施的过程中，协调建筑师协调每个单体建筑的设计和公共空间的设计，促进相邻地块设计师之的协商和沟通，严格保证整个地区开发建设的协调性。

巴黎左岸协议开发区鲍赞巴克的玛森纳开放街区设计最为著名，整个规划建设过程由鲍赞巴克负责协调，创造出统一性和多样性、连续性及非连续性的完美融合。在玛森纳开放街区中，鲍赞巴克建立了一系列严格的设计导则，包括城市空间组织形式、建筑形态及环境景观设施等。指导性的导则为单体建筑的设计师提供了各种设计措施、标准及计算方法。

3. 日本：主管建筑师城市协作设计方法

20 世纪 80 年代中期，随着日本经济的飞速发展，人们的生活水平获得了极大提高，对城市居住、办公及娱乐空间的品质需求提出了更高要求，在这种背景下，1981 年日本建筑师内井昭藏正式提出了"城市协作设计法"。该方法是一种由不同建筑师共同参与和管理群体形态设计的方法，把一个大项目分解为若干需要通过协作才能完成的小单元，更注重细节设计，能够更精细地去设计公共空间并给每个单元都注入一定的个性（图 2-2）。为营造更高质量的空间，就需要有一位"协调者"与建筑师们一起工作来创造统一的建筑风貌，该"协调者"在城市设计、景观设计和管理方面具有一定的知识，是设计中有能力考虑环境因素的"主管建筑师"。

日本的土地采用绝对私有制，城市协作设计方法可以解决多元化的土地开发主体间的矛盾，保障环境整体协调，土地所有者或使用者之间可以自发结合进行商议，在满足规定性设计要求的基础上，共同约定片区内的建筑形态、功能布局、建筑风格、街道色彩等设计要素，建立共同遵循的片区协作设计管理制度。主管建筑师在其中起到"建筑师协调者"的角色，通过城市协作设计方法，主管建筑师和协作建筑师们讨论城市设计，创造和发展群体形态。其中主管建筑师负责提出总体规划并把握城市设计的总体发展方向，提出设计主题的构思，向分区协作建筑师提供各种参考信息，并在建筑形态、材料等方面征询协作建筑师的意见，设计团队中产生的问题通过主管建筑师协作得到解决。

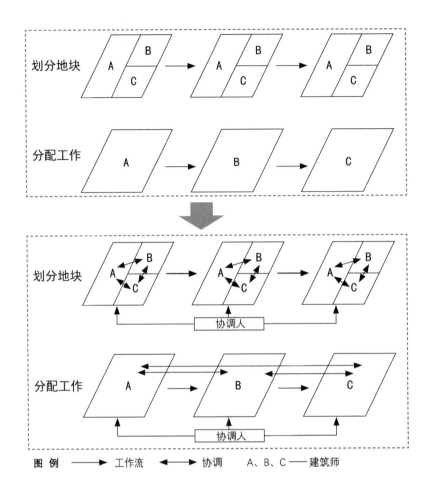

图例 ——→ 工作流　←——→ 协调　A、B、C——建筑师

图 2-2　城市协作设计方法中不同
地块划分和设计工作安排流程图

　　1988 年，城市协作设计方法获得了日本城市规划协会颁发的"设计与规划"奖，其在塑造城市空间多样性和整体性方面所起到的作用受到业界肯定。日本以主管建筑师作为协调者的"城市协作设计方法"通过不断的实践，成为城市开发活动过程中协作设计、统筹规划的重要方法（图 2-3）。

　　城市协作设计方法在日本得到了广泛应用，这种方法强调通过多方参与和合作来实现城市规划的目标。在这一过程中，主管建筑师扮演了至关重要的角色，他们通常由政府部门、项目规划委员会、设计委员会、项目业主或其他利益相关方的自发组织聘请。这些主管建筑师不仅负责项目的设计方向和质量控制，还需在各方利益相关者之间进行有效的沟通和协调，确保项目顺利进行。

　　幕张湾城项目位于东京市区与成田国际机场之间，总开发用地面积 520 公顷，为综合性城区开发，总体功能分区包括中心商业区、商务研发区、文教区

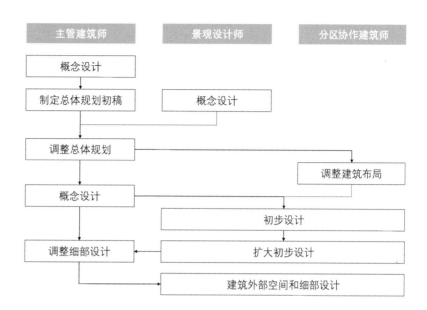

图 2-3　主管建筑师的设计工作流程图

以及居住区，重点强调促进住区功能复合化，营造对外开放的都市型公共空间，并具有特色鲜明的场所感。20 世纪 90 年代初开始制定开发计划，在开发建设全过程中以规划设计委员会的模式对街区中各个开发项目的规划设计展开了近 20 年的协调运作，并建立了较为完善的城市设计协作制度。

考虑到整个街区的开发建设需要较长周期，规划设计委员会聘请了 4 位主管建筑师和 22 位协作建筑师，参与开发计划制定、总体城市设计方案构思及城市设计导则编制，并由主管建筑师统一负责城市设计实施过程中的协调把控工作，建立了城市设计协作制度。在整个项目的开发建设过程中，主管建筑师参与城市设计的后续工作，审核各个项目的规划设计是否符合城市设计导则，以制度化的运行模式多层次地开展规划设计协调工作，力求最大限度强化街区中各个街坊或各个建筑之间的关联性，进一步促进街区空间环境的整体性。

规划设计委员会分别从街坊、分区和街区层面进行协调与把控。每个街坊有一位参与设计的建筑师负责统筹协调不同设计师分担的各栋建筑之间的相互关系，有一位委员出任这一街坊的规划设计协调人，把控街坊内城市设计导则的落实情况，并负责代表该街坊协调与相邻街坊的相互关系。每个分区内由一位街坊协调人兼任分区总体规划设计协调人，总体把控分区城市设计导则的落实情况，并负责分区的环境设计和协调各分区之间的相互关系。

规划设计委员会定期召开整个街区的规划设计协调会，审议通过经街坊和分区层面协调把控后的规划设计，并根据需要及时对总体城市设计方案或城市设计导则的调整进行研讨。分区协调人或各街坊协调人和相关建筑师不定期对设计模型或图纸进行汇集，举行"设计工作坊"的非正式协商会，共同核对城市设计导则的落实情况，并探讨如何在规划设计上协调处理不同建筑之间或不同街坊之间的相互关系，协商解决相应产生的规划设计矛盾。例如在用地规模较大的超高层街坊设计中，协调人统筹协调十余家参与的设计事务所，强化由不同开发商负责部分的呼应关系，力求塑造街坊的空间整体性、外部街道的空间连续性；当设计与导则产生矛盾时，主管建筑师作为"协调人"的身份进行设计协调与审议。

4. 英国：城市设计治理模式

英国经过百年的探索形成了较为完整的城市规划治理体系，法定的城市规划是各级地方规划部门在编制发展规划和实施开发控制时必须遵循的依据。1947 年英国《城乡规划法》建立了以发展规划为核心的城市规划体系，对开发土地及建筑设计进行全过程控制，规定任何开发项目必须获得规划许可；1968 年明确了法定发展规划包括战略性的结构规划和实施性的地方规划，以及通告、议会报告、规划政策指引和报告、区域规划指引等形式的中央政府的城市规划政策。1990 年英国开展城市设计控制系统的研究，主要通过审查体系对城市设计实施进行控制。

城市设计是英国城市开发控制的组成部分，贯穿于规划全过程，受规划体系的制约，城市设计控制内容需要纳入规划许可的审批当中，体现了英国规划行政体系的中央集权特征，也体现了开发控制的自由量裁特征。1998 年英国成立了以"解析城市衰败的原因、提出实际的解决方案"为目的的"城市工作小组"，由国家副首相牵头，建筑师理查德·罗杰斯作为主要负责人，协调中央政府、地方政府、开发商、设计师、公众等多方利益，旨在提升城市设计质量和经济发展水平，保护和维护生态环境，保障社会福利，并于 1999 年形成《城市工作报告》。报告提出 105 条建议，包括城市设计、交通联系、环境管理、城市更新、技术创新、城市规划、土地供应、建筑循环利用和地产投资等方面，建议提出发展并实施全国性的"城市设计框架"，通过土地利用规划和公共资金引导传播关键性的城市设计导则（图 2-4）。

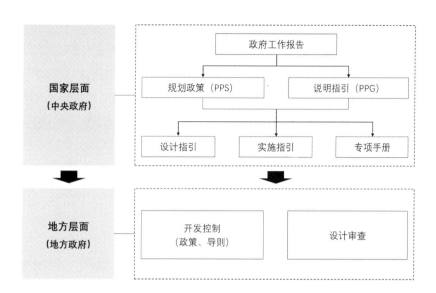

图 2-4　英国国家城市设计框架

依据全国性的城市设计框架，国家层面中央政府提出规划政策和说明指引，强调宏观管控的设计监管作用，鼓励地方追求高质量、富有包容性的设计，明确了场所评估、政策谋划、方案设计、决策制定、工作协调等工作内容对理想场所塑造的重要作用，为国家中观层面提供综合的设计指导。另外，国家副首相办公室作为主要发布单位，也颁布了一系列城市设计指引，统一城市设计的实施标准、实施路径，为各类型转型规划提供技术参考和规范依据。地方层面主要施行地方发展框架，对改造区域的未来发展方向提出核心策略，对于详细的开发控制区域提出城市设计政策，引导控制具体开发项目作为英国城市工作小组的重要依据，城市设计框架是城市规划体系的衍生产物，依据框架制定的城市设计导则是地方政府进行项目审批与实施的重要参考标准和依据。为了保证城市设计导则能够有效实施，英国许多公共部门参与编制了各种类型的纲要和导则，重点在建筑与城市环境是否协调、建筑形态是否符合导则要求方面。在设计审查过程中，英国建筑与建成环境委员会（CABE）针对开发项目提供相应的建议与意见，确保公共环境与广大公众的需求和期望。

由于城市设计运作过程中利益协调困难、评价标准模糊、技术应对不足、管控尺度和力度难以把握等一系列问题，英国建筑与建成环境委员会成为国家认可的全国性半正式机构开始全面介入英国设计治理过程，作为独立于公共与私人部门的第三方，进行城市设计全过程的监督、促进与协调。英国建筑与建成环境委员会参与设计治理的重要工具包括设计导引、设计审查和设计激励。其中，设计导引是项目开发建设的城市设计管控依据，包括城市设计战略、设计概要和设计导则；设计审查是获得规划建设许可的评审环节；设计激励则是通过资金资助、税收减免、开发面积奖励等措施实现建设目标的一系列政策。英国建筑与建成环境委员会在城市设计治理过程中起到参与者、协调者的重要作用，贯穿于从宏观决策到中观管治再到微观具体项目建设的全过程，协调和平衡各主体之间的权益，确保各主体履行适度的责任（图2-5）。

英国建筑与建成环境委员会的组织架构包括资源部、设计和规划建议部、公共空间部、设计审查部、教育和外部事务部等5个部门。设计和规划建议部是直接参与并辅助开展规划相关工作的部门，工作内容主要包括协助地方政府的政策制定、为地方政府和社区提供设计建议等；公共空间部专注于提升公园绿地、生态、街道、广场等城市公共空间的设计，主要受特定客户委托协助制定发展和设计策略、各类实践引导、提供培训服务、开展相关政策与案例研究、发布设计倡议等；设计审查部主要协助地方政府开展设计评价工作，负责外聘评审专家、组建设计评价小组，并根据国家政策和自主研究发布设计评价原则、标准以及案例研究报告。

在英国的城市设计治理实践中，建筑与建成环境委员会根据实际需要衍生出15种具体的设计治理工具，包括听证、研究、案例研究、实践导则、教育/培训、奖项、合作、运动、倡议、认证、设计评价、指标、竞赛、协助、授权。这些设计治理工具在一定程度上贯穿了城市设计运作的全过程，但每一项工具只有在特定环节或者运作的某一阶段才可能发挥应有功效，反之则不然（图2-6）。

在城市设计治理过程中，建筑与建成环境委员会凭借第三方的独立特性起到协调公私双方的作用，进而改善建成环境设计质量，推动全社会的可持续发展。英国建筑与建成环境委员会的城市设计治理方法与实践路径为我国国土空间规划治理和城市总师制度创新提供了思路。

5. 韩国城市更新试点工作策略

2006年5月，韩国建设部门发布了"交通运输研发创新路线图建设"，通过整合国家总体规划以及成套设备和尖端城市模式的集中研发和应用等，加强国际市场竞争力，创造就业机会，提高国民生活质量，将韩国建设成为交通技术领先国家。韩国建设和交通部门进一步选定了10个重点研发项目，并将城市更新选为"未来增长的核心驱动力之一"。

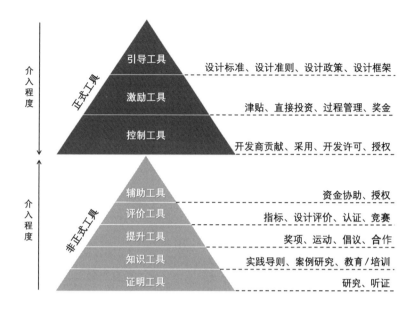

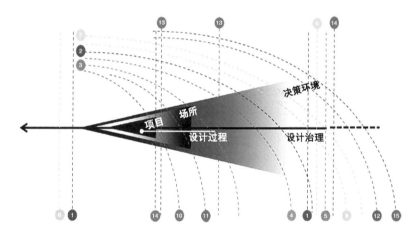

图 2-5　英国建筑与建成环境委员会设计治理工具箱（资料来源：Design Governance: The CABE Experiment, Routledge, 2017）（上图）

图 2-6　不同治理工具作用于城市设计运作的不同阶段（资料来源：Design Governance: The CABE Experiment, Routledge, 2017）（下图）

1—听证；2—研究；3—案例研究；4—实践导则；5—教育 / 培训；6—奖项；7—合作；8—运动；9—倡议；10—认证；11—设计评价；12—指标；13—竞赛；14—协助；15—授权

2006 年 12 月，城市更新工作组（以下简称"工作组"）成立。至此，韩国逐渐转向从国家层面寻求城市更新多维价值目标的统一，高效开发城市更新技术、制度和模式，构建公共支持体系，积极推进居民自主更新和复合智慧更新的城市治理模式，从而摆脱快速工业化和城市化时期"扩张和重建"的城市政策（图 2-7）。

2007 年 3 月，经过约 8 个月的规划，在与招聘机构签订研究协议后，工作组正式启动了为期约六年半的研发工作。这项工作分为 3 个阶段，包括衰落的城市更新技术和支持系统、社会融合和居住社区更新技术、旧城市混合用途空间更新技术、城市系统绿色更新技术4个核心主题和许多其他详细主题，几乎涵盖了与城市更新相关的所有主题。因此，韩国城市更新的理论和实践水平在很短的时间内得到了有效的提高。总体而言，韩国城市更新的研发工作包含了城市更新的试点内容，在城市发展转型时期，国家先行先试，吸收社会各方力量，分阶段、分主体制定详细的推进战略。

根据地区工作组类型的特点和研究成果，韩国将更新试点城市划分为"地域自主型试点"和"复合开发型试点"两种类型。2010年10月，在城市更新技术、制度和模式开发阶段完成后，韩国区域自治试点评估机构发布了第一个试点项目及《地域自主型招募指南》，这也标志着韩国城市更新试点工作的开始。

《地域自主型招募指南》由6个章节和2份格式说明组成，重点对"地域自主型试点"申办机关的选定标准和评价方法、申请书制定等必要事项进行了规定。其中，6个章节部分明确了《地域自主型招募指南》的制定目的、涉及的术语定义、工作组概要、试点概要（包括设立目的、推进方向、推进内容、推进组织、应用技术等列表、推进日程和预期效果）、试点申办机关选定计划（包括选定程序和日程、申请条件、选定方法和评价标准）以及试点申办申请书提交等事宜;格式说明部分则是对申请书、承诺书的内容和书写样式等进行详细说明。

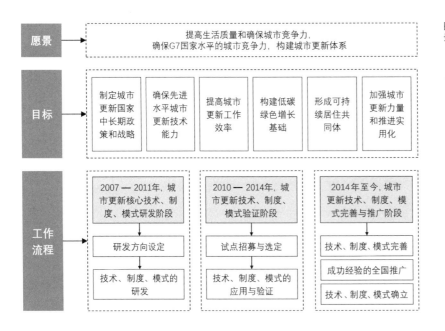

图2-7　韩国城市更新研发工作愿景、目标与工作流程

2012 年 1 月，为了促进旧城区土地的高效利用，韩国进一步推进了"复合开发型试点"工作。韩国官方机构颁布了《城市更新工作组复合开发试点申办选定公开招募指南》以下简称《复合开发型招募指南》，重点明确了"复合开发型试点"的选择标准、评估方法以及制定申请表等必要事项。在《地域自主型招募指南》的框架下，复杂的《复合开发型招募指南》将试点项目的资格扩展到"釜山交通社"等公共组织，并通过新的"格式声明 3　参与同意书"强调选定组织的积极参与以及在试点项目推进期间提供材料和数据。

总的来看，韩国官方机构发布的两份招募指南系统阐释了韩国不同类型城市更新试点工作的内涵，从而有效保障韩国城市更新试点招募工作的有序推进。同时，两份招募指南在指导试点城市制定具体工作方案、激发全国城市更新活力，甚至为各地提供系统的城市更新工作指南等方面发挥了积极作用。然而，需要注意的是，虽然两类试点的最终目标是促进社区的全面和可持续发展，但在工作推进的具体目的、方向、内容、组织体系以及招标机关选择的计划和申请方面存在差异，总体上突出了"因地制宜、分类施策"的治理特点。

通过以上内容我们可以了解到韩国城市更新制度层理念：

1）韩国政府制定了一系列政策，包括城市更新相关法规、规章和政策文件，以确保城市更新试点工作的推进和落实。

2）政府成立了专门的城市更新机构，负责协调和推进城市更新工作。

3）韩国政府通过设立城市更新专项基金，提供财政支持，以支持城市更新试点工作的推进和实施。

4）政府通过与民间企业合作，实施城市更新试点工作。这些合作包括公私合作、民间企业提供资金支持和技术支持等。

5）韩国政府完善了住房供应政策，通过提供廉租房、公共住房等措施满足居民的住房需求。

2.2 发展：我国城市建设中的总师模式

2.2.1 "大事件"与"常态化"

1. "大事件"驱动的城市增量发展

改革开放以来，我国的城市建设和发展始终伴随着各类"大事件"。随着经济社会的快速发展和巨大转型，身边的大事件发生频率达到了前所未有的密集程度，如 2008 年北京奥运会的举办、2009 年的中华人民共和国成立 60 周年庆典、2010 年上海世博会和广州亚运会的举办。也发生了部分灾害事件，如 2008 年汶川地震，2010 年玉树、舟曲地震和泥石流等。同时国家也发布了一系列政策，如房地产调控、各区域的战略崛起等。在中国这块城镇化热土上，有着中国式的经济指标、中国式的建设速度、中国式的行政决策，却相对缺少中国式的城市规划理论、中国式的城市发展模式。

一连串的"大事件"，催生了对城市建设领域总师模式（总规划师、总设计师、总建筑师、总工程师负责制）的研究与探索。2010 年北京首钢地区的城市更新、2010 年上海世博会、2012 年新北川县城等工作的展开，驱动了一批重大事件下的总师模式探索实践。事实上，"大事件"大于一般城市发展动能，往往是中央和各级地方政府推动城市发展的一种手段，能够影响、改变甚至重塑区域和城市发展方向。相对于城市发展的"常态化"，大事件往往携带着跳跃式发展的期望值和可能性，全面挑战规划师的综合思考和战略布局能力。在我国城市长期的大规模增量发展中，"大事件"也确实改变了城市的规划结构、交通方式、设施布局等诸多要素。其中城市空间格局优化、发展模式创新等城市发展的基本问题有待进一步总结和评估。城市规划理论的归纳和凝练、中国式城市发展模式也面临机遇和挑战。

驱动城市增量发展的大事件，主要包括政治类、经济类、文化类和体育类。具体来说，政治类大事件的相关建设能为城市发展提供平台，带来积极的推动作用，包括新城建设和旧区改造，对城市的发展有着重大的影响。通过举办经济类大事件，如各种会议、商品展示和展览等活动，在取得直接经济效益的同时，还会带动城市餐饮、住宿、旅游、零售、交通、通信等行业的发展，从而产生能够带来间接经济效应和社会效应的经济现象和经济行为，最终达到促进经济和社会全面发展的目的，成为城市经济发展新的增长点。城市举办文化类重大事件会对城市交通基础设施、公用基础设施、环境保护、绿化环境等都有很高的标准和要求。同时，文化类大事件对于挖掘、整理城市文化资源，打造城市文化品牌，提高城市文化品位，也具有重要作用。体育类赛事的举办会引发城市的发展变化，这些变化一方面保证了体育赛事的顺利举办，另一方面也为举办赛事的城市的未来发展创造了机会。体育类大事件还会对建筑业、制造业、旅游业以及其他行业产生影响，能够有效刺激就业，提高人力资本。

2. 回归"常态化"的城市高质量发展

"常态化"是我国城镇化发展进入中后期，城市建设由大规模增量建设转为存量提质改造和增量结构调整并重的必然阶段，即从"有没有"转向"好不好"的城市更新、高质量发展阶段。经济发展从"高速"转入"中高速"，这些过去被经济发展掩盖的隐性问题日益显像化，倒逼中国城市空间增长主义走向终结。城市发展应是长期的，快速扩张只是阶段性的，以内涵提升为核心的"存量"乃至"减量"规划，已经成为我国空间规划的新常态。

回归"常态化"的城市高质量发展阶段，更强调以整治、置换、翻新为主的城市更新。这种小颗粒、轻量化、微更新的发展模式，必须跳出开发建设的习惯语境，转而从城市运营的角度思考城市如何去更新。面对城市更新的复杂多变，应实行"一地一策"，避免照搬其他经验和城市模式化、套路化方法。因此，规划师应身兼技术专业者、社会工作者和技术管理者三重角色，这也催生了城市总师模式的进一步发展和成熟。从多元共治的视角来看，总师模式亦具有非常广阔的发展前景。

从城市建设中的总师模式来看，"常态化"城市转型发展阶段的空间使用主体改变了。在以人民为中心的理念下，规划设计更关注人们可感受的"眼前、手边和脚下"的环境品质。城市治理和建设重点开始回归到解决过去我们长期忽略的社区 / 街区空间等城市基本生活单元的环境品质，以及住房、医教文卫、公园等最基本的、最民生的且亟待解决的"城市病"问题。而这类问题往往量大、面广且工作繁琐细碎，规划师面对的主体从过去的市长、业主转变为基层街道和一个个老百姓，不再是设计技术图本一批了事、一交了事，而是要进行大量繁重而艰巨的群众工作。这些工作呈长期性和常态化特征。应当逐步将总师模式纳入规划管理体系，并积极开展常态化和体系化的总师制度建设。

2.2.2   总师模式与总师团队

我国著名建筑学家、两院院士吴良镛先生曾提出，要加强总体设计，构建在多学科综合、融贯之上的"人居环境科学"，在少数城市工作中试行城市总规划师、总建筑师、总工程师制度，对城市发展进行整体的研究、决策和管理；较为长期地在宏观上把握城市的发展命脉，为城市政府决策提供规划规划、建筑和工程等方面的专业咨询，加强决策的科学性、继承性。

1. "总师"角色

目前讨论的城市总师模式，更多是规划师、建筑师、工程师等对城市公共空间和城市总体建设控制的一种行为状态或行为模式。这种"城市总师"更多体现了管理层面的色彩，与规划师、建筑师、工程师等职业的界定并不完全一致。事实上，"城市总师"是一个统称，代表着规划师、建筑师、工程师等专业人士将城市发展和总体控制作为核心任务而承担的职责。可以认为，"城市总师"并非一个职业，而是一个角色。从横向上来看，"总师"可以是总规划师、总建筑师、总设计师、总工程师、总经济师等面对城市发展相关多专业门类的专家角色。从纵向上来看，"总师"也可以是城市总师、地区总师、社区总师、乡镇总师等多尺度、多类型空间的管理角色。无论是横向体系还是纵向体系，总师模式中的"总师"角色都起到了"技术 + 管理"的双重作用，但城市层面"总师"的作用和职责最为重要，也是本书重点探讨的内容。

例如，"城市总规划师"是"城市总师"最为广泛的一种形式，北京、上海等城市正在推行的"责任规划师"是以各个区、段来进行划分，相应责任规划师根据政府及区域发展的方向，用其所掌握的基本规划设计原则、专业知识来对城市空间及空间的关键要点、数据进行整体控制。这种依托"总规划师"的宏观、系统把控，对于一个城市建设巨系统来说无疑是非常必要的。"建筑师负责制"也是"城市总师"的一种形式，例如在《关于在民用建筑工程中推进建筑师负责制的指导意见》（征求意见稿）中指出，职业建筑师的业务范围由单一的设计逐步扩展为参与规划、提出策划、完成设计、监督施工、指导运维、更新改造和辅助拆除这 7 个方面。从这个角度来看，"城市总师"并非个人或者单一的规划师、建筑师角色，而应该是一个团队。"城市总师"在城市规划实施过程中所承担的是"总师团队"的技术咨询和服务，但并不能取代多部门协调和决策的行政权力。"城市总师"也是城市建设管理法制化建设的"组合拳"之一。

2. "总师"模式

关于总师模式的讨论，还应重点放在制度设计层面。城市总师应具有权威的技术决策权，但是技术决策与行政决策的高度合一更为重要。这种高度合一应是城市总师模式机制设计的首要关注点，更是未来总师模式能否有效运行和最终成功的关键。"城市总师"结合一套常态化、有序化的保障机制，可以确保城市规划、城市更新以及建筑、景观、市政、公共利益等的总体实现。就我国具体国情而言，不同城市的发展目标、发展阶段和发展条件各不相同，城市治理水平也参差不齐，导致城市规划经过不同领导的决策实施可能会有较大差异，这时总师模式的制度性保障就显得尤为重要。对于"城市总师"来说，要赋予与责任同等的权利，实现行政决策与技术决策的一体化约束，有了制度的顶层设计，才能保障城市规划建设的长效实施。

城市建设需要通过包括市场在内的各方力量共同完成，自上而下的管控引导与自下而上的反馈检验需要有机结合。这种城市治理模式，应该是在法制化社会治理体系的根基上，建立贯穿于实施全过程的共享信息平台，以法制化、多元化的决策环境实现实施管理的决策权力从集中向分散转变。总师模式突出了城市风貌和空间形象的社会公共属性和审美品质把关，同时可以协调、统合公众参与中比较分散的建议诉求，并在不同开发主体、管理主体、技术专业之间起到"起承转合"的作用。总师模式将成为城市规划实施过程中咨询和服务的一项制度，为决策提供稳定的、规范的技术咨询和技术保障。

城市更新中的总师模式更体现出一种创新的城市治理理念，以协同发展为核心，强调城市更新的整合、创新和可持续发展。总师模式中，"城市总师"作为技术和管理角色，在规划、建设、社会服务等方面发挥关键作用，确保城市更新工作有机衔接并提高效率。公众参与是总师模式的关键特点，通过积极引导居民参与，使更新方案更贴近社区需求。跨部门协同合作是总师模式的又一亮点，城市总师与各相关部门形成紧密合作关系，推动城市更新计划的协调实施。总之，城市更新中的总师模式是一种全面领导、协同合作的治理方式，为城市更新注入活力，推动城市更加有序、创新、可持续地发展。

3. "总师"团队

城市总师模式与总师团队之间存在密切的关系，两者相辅相成，共同构建了城市规划与管理的新模式，二者的关系可以被理解为理念与实践的关系。城市总师模式提供了一种理念和思维框架，而总师团队通过具体的跨学科协作和实际操作，将这一理念转化为城市规划与管理的切实成果，推动城市的持续发展。这种相互关系的协同作用为城市更新提供了更为全面和可持续的解决方案。

在总师模式中，总师团队是至关重要的组成部分，承担着引领、协调和执行城市更新的使命。总师团队是由来自不同领域的专业人才组成的协作性团队，其核心职能是整合各专业知识，促使城市规划和更新更加综合、科学和可持续。总师团队的存在旨在打破传统城市规划中的狭隘专业界限，通过多元化的专业背景，综合考虑城市更新的方方面面。

首先，总师团队在城市总师模式下的重要性体现在其跨学科协作的能力。团队成员来自建筑、交通、环境、社会科学等不同领域，通过协同工作，能够综合运用各自专业知识，制定更全面、系统的城市更新方案。这种协作不仅弥补了传统城市规划中专业的局限性，更能够应对城市发展中的多元挑战。其次，总师团队在城市更新中承担起创新与前瞻性的角色。由于团队成员具备不同领域的专业背景，他们能够将新兴科技、可持续发展理念等前沿元素融入规划中，推动城市更新的创新。总师团队的前瞻性思维使得规划方案更具可持续性，以便更好地适应城市未来的发展需要。另外，总师团队在制定与执行总体规划方面发挥着关键作用。通过明确城市的发展方向和目标从而为城市更新提供战略性指引。在规划的实施阶段，总师团队通过对各个专业领域的协调，确保规划的顺利实施，最大限度地实现规划的效果。最后，总师团队注重社会参与和沟通，与社区居民、企业代表等建立紧密的联系，通过广泛的社会参与，能够更好地了解各方的需求和期望，确保城市更新过程中的公正性和城市更新的可持续性。

2.2.3 总师模式的地方探索

中华人民共和国成立以来，特别是改革开放之后，我国的城市规划工作逐步走上正轨，但是大量的规划理论和实践来自对国外先进理论和实际工作的借鉴与本土化运用。而国内对总师（城市总规划师、城市总设计师）制度的研究和探索始于2010年前后，目前的研究与实践探索方向可分为总师规划实践与总师管理实践两种类型，期望能够充分发挥总师的技术引领和把控作用，实现从技术服务到规划管理，全过程跟踪地区的规划建设动态，为城乡规划治理探索新方式、新方法。

我国一些经济发达的大城市，如天津、广州、深圳等，率先在一些重要片区或重要开发项目中进行了总师负责制的实践探索：广州实施了金融城、琶洲、南沙等重点地区总城市设计师（建筑师）协调负责制，取得初步成效；海口邀请了一批院士和设计大师开始实施城市重点地区总城市设计师协调负责制。结合重大事件和重要项目的更新改造，也驱动实施了一批总师模式和负责制的探索工作，如首钢地区的更新改造、上海世博会园区的建设、新北川县城的规划建设等。随着我国城镇化进入后半场，存量规划和更新成为主流，高质量发展与高水平治理背景下的社区治理也产生了新的需求，很多城市进行了社区（责任）规划师的探索实践活动；伴随乡村振兴战略以及撤村并镇工作的进行，一些地区进行了乡村规划师、驻镇规划师模式和负责制的实践探索工作，所有这些探索为城市总规划师制度和模式的创新完善奠定了坚实的本土实践基础。2020 年 4 月 27 日，《住房和城乡建设部　国家发展改革委关于进一步加强城市与建筑风貌管理的通知》提出"探索建立城市总建筑师制度。住房和城乡建设部制定设立城市总建筑师的有关规定，加强城市与建筑风貌管理。支持各地先行开展城市总建筑师试点，总结可复制可推广的经验。城市总建筑师要对城市与建筑风貌进行指导和监督，并对重要项目的设计方案拥有否决权"。该通知为城市风貌管控和城市总建筑师制度的实践创新奠定了坚实的政策基础。

1. 北京：首钢地区城市更新总建筑师模式

首钢老工业区更新改造的总建筑师模式已经前瞻性地探索多年，由吴晨担任首钢集团总建筑师，他也是首钢老工业区更新复兴的总建筑师，自 2009 年起，吴晨就开始作为项目总建筑师负责牵头组织首钢老工业区总体城市设计工作。

吴晨多年来深耕城市复兴理论的研究，早在 2002 年就公开发表《城市复兴的理论探索》，并于 2018 年受北京市发改委委托完成"新首钢国际人才社区建设实施规划研究"和"新首钢地区打造首都城市复兴新地标的内涵思路及路径研究"两个课题，以期通过做好空间复兴、产业复兴、功能重塑和活力复兴，实现文化复兴和生态复兴，叠加冬奥会效应将首钢老工业区做成世界工业遗存转型最佳范例之一，打造首都城市复兴新地标，在构建首钢新发展格局中展现新形象。

首钢地区城市更新总建筑师模式具体体现在：

1）总师制度：首钢老工业区复兴改造实行总师制度，即设立一个总师负责整个项目的规划、设计、建设和管理。总师必须具有丰富的经验和高超的设计能力，对整个项目的方方面面都有深入的了解和把握。总师负责协调各个专业的设计和施工，确保项目的高效推进，实现质量保障。

2）专业分工：总师模式中，不同的专业被划分为不同的团队，各自承担不同的任务。这种专业分工有利于提高各个专业团队的效率和专业水平，也有利于各团队之间的协调和配合。

3）项目管理：在总师模式中，项目管理十分重要。总师要制定详细的项目计划，并制定相应的管理流程和标准，确保项目顺利推进并达成目标。

4）政策保障：总师模式中，政策保障也很重要。政府要制定相应的政策和法规，支持和鼓励总师模式的实行，给予项目相应的政策和经济支持，提高项目的成功率。

2. 上海：世界博览会园区总规划师团队模式

2010 年上海世界博览会园区是上海市首次采用总规划师团队模式进行城市更新。上海于 2002 年 12 月获得 2010 年世界博览会（下文简称"世博会"）的举办权，之后就拉开了世博会园区规划建设工作的序幕。2004 年 5—7 月，上海世博会事务协调局正式启动世博会国际方案征集与综合工作。2004 年 8—10 月，世博会总体规划工作组对征集到的规划方案进行比选和综合，确定了包括上海同济大学在内的设计团队联合体；2004 年 10—11 月为结构性总体规划阶段，这一阶段规划研究的重点深入综合交通、总体布局、绿化景观及后续利用等方案，总体规划工作组汇报结构性总体规划方案并获通过。2004 年 12 月—2005 年 4 月为专项规划的磨合与总体规划调整阶段，主要以总体规划成果对专项规划进行指导，并反馈、调整、完善。2005 年 5—8 月之后进入控制性详细规划阶段。2006 年世博会园区的城市设计工作编制完成。期间控制性详细规划也结合城市设计工作经过三轮修编，其工作一直持续到 2007 年，落实了总规的理念和布局框架，从土地使用、综合交通、市政设施、环境容量等方面提出了具体的技术依据和规划措施。

上海世博会是我国承办的首届世界博览会，以"和谐城市"为办会主旨。就规划设计实施而言，除规划设计团队本身的专业力量和努力工作外，更需要多方力量、多种外部因素的共同推动与协调，规划设计过程本身是一个创新实践的过程，更是一个逐步完善、协调的过程。为保证规划方案切实可行，保证世博会园区按期一次性交付使用并能够代表和展现同期世界科技的最新发展成果与中国风采，形成技术、经济、空间形态的最佳组合和落位，上海世博会园区实行了"1+3+3"的总控模式和创新的组织架构，进行规划设计的架构、专业之间的协调以及规划行政管理的配合。

"1+3+3"的创新设计组织构架模式包括："1"指1个总规划师团队，由3位不同专业背景的专家组成，负责总体控制与规划协调，同济大学吴志强院士任总规划师，现代集团华东建筑设计院有限公司院长沈迪和上海市规划和国土资源管理局总工徐毅松担任副总规划师。中间的"3"指3家牵头单位，由上海市发展和改革委员会、上海市规划和国土资源管理局、上海世博会事务协调局三大行政单位与职能部门组成，统筹发展计划、建设规划与建设管理。最后的"3"指3家设计单位组成的联合体，3家单位具有不同的业务特长与专业背景，负责具体规划编制与技术落实等工作。

上海世博会园区总规划师团队的主要工作职责如下：园区总体规划方案的深化和优化，组织编制各专项规划及其与总体规划之间的协调；上海世博会注册报告的编制；配合详细规划与各专项规划、工程设计和建设之间的衔接与实施工作；牵头编制城市设计；在城市规划层面积极推进上海世博会的宣传工作等。随着世博会园区建设工作的深入，总规划师团队的工作重点由规划向实施转移。总规划师团队领导下的"1+3+3"的集管理、设计、决策、协调、实施于一体的全程式、多元团队的建设模式与探索，为城乡规划人才培养和职业边界的拓展提供了广阔的思路，为城乡规划治理模式创新进行了较好的探索与实践（图2-8）。

世博会园区总规划师团队模式具体体现在：

1）制定规划设计标准和流程：团队制定了规划设计标准和流程，包括对园区整体布局、景观设计、建筑设计等各方面的规划，制定了详细的流程和时间表，保证了规划设计工作的顺利进行。

2）协同合作机制：团队内部建立了协同合作机制，通过分工合作，充分发挥每一位规划师的专业能力和经验，同时保证了规划设计的整体性和协调性。

3）建立内外部联络机制：团队与园区各相关单位和部门建立了内外部联

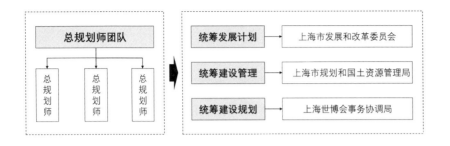

图2-8 上海世博会园区"1+3+3"组织框架图

络机制，包括与园区各场馆和展区负责人的沟通，与市政府相关部门的协调，以及与园区周边社区和企业的联系等。

4）建立反馈机制：团队建立了反馈机制，对于规划设计工作中出现的问题和意见，及时进行反馈和调整，确保园区的规划设计工作符合各方面的需求和要求。

5）人才引进和培养机制：团队建立了人才引进和培养机制，通过引进国内外优秀的规划设计人才，提升团队整体实力，同时通过内部培训和交流，不断提高团队成员的专业能力和水平。

3. 广州：琶洲西区城市总设计师制度

在琶洲西区，总师制度被称为"地区城市总设计师制度"。琶洲西区是广州"十三五"期间重点打造的城市中心片区，为实现精细化、品质化的城市设计与规划管理实施工作，对城市中心区的开发进行长期有效的管控，特提出建立地区城市总设计师制度。2015年8月穗市长会纪〔2015〕47号，明确要求在琶洲西区实行地区规划师制度，聘请华南理工大学孙一民大师作为琶洲西区的地区城市总设计师；广州市国土资源和规划委员会、海珠区规划局等相关行政部门积极推动琶洲西区地区城市总设计师制度的落地；2017年3月，广州市国土资源和规划委员会出台《关于印发琶洲西区地区城市总设计师咨询服务流程的函》，要求各建设单位按流程进行咨询，提供建筑设计方案及相关资料至地区城市总设计师审查，加快琶洲西区整体建设的推进速度。琶洲西区的地区城市总设计师制度对片区的规划实施进行优化，极大地提升了对城市空间品质和建筑精细化管理水准。

琶洲西区地区城市总设计师的主要工作职责为编制管控文件、建设项目的设计审查管理以及建设进度跟踪、地区宣传片的督导、实体模型的维护更新等，此外还需要为规划管理部门提供行政审批的辅助决策及设计审查的技术服务。城市总设计师制度在实施过程中对城市公共空间、建筑风格、建筑高度、骑楼建筑二层连廊等提出审查意见，提前介入各规划管理阶段的建筑方案把控及监管，为精细化、品质化的城市设计和城市建设与管理提供平台。

　　琶洲西区地区城市总设计师工作组在工作实践中与政府、规划管理部门开发地块业主、设计师团队之间，进行不断协调、沟通、磨合、总结与反思，在螺旋式前进过程中雕琢形成规划设计成果。工作方式主要有会审和会办两种形式，会审是多方参与、达成一致意见，以此推进项目动态优化的全过程讨论；会办是规划管理部门对项目进行规划审批时，将地区城市总设计师审查意见作为辅助决策的方式。这两种方式的结合有效地保障了地区城市总设计师工作的开展。

　　具体体现在：

　　1）制度背景：琶洲西区是广州市的一个新兴城市片区，该地区的城市规划和建设需要有一个总体规划和设计，以确保区域的可持续发展。因此，引入城市总设计师制度，对该地区的城市规划和建设进行整体协调和指导。

　　2）制度目的：引入城市总设计师制度的目的是确保城市规划和建设的整体性和一致性，避免出现分散和重复的规划和建设，提高规划和建设质量和效率。

　　3）制度实施：在琶洲西区，设立了城市总设计师，负责该地区城市规划和建设的整体协调和指导。城市总设计师与地方政府和建设单位密切合作，参与整个项目的规划和建设，提出设计建议和技术指导，并负责监督和审核建设方案。

　　4）制度成效：通过引入城市总设计师制度，琶洲西区的城市规划和建设实现了整体协调和指导，避免了规划和建设的重复和分散，提高了规划和建设质量和效率。同时，城市总设计师还能够保护城市历史和文化遗产，并推动可持续发展。

4. 广州：城市社区设计师制度

近年来，广州通过推行社区设计师制度，将 344 名社区设计师和 163 名乡村规划师引入全市各街道的城乡社区品质提升中，组织社区设计师走进街道、社区、乡村，通过走访踏勘、组织社区活动、开展会议座谈等多种形式，用居民明白、生动易懂的语言，共同参与身边的项目设计。社区设计师，一般是指从事规划、建筑、景观、市政、交通设计的专业人员，通过志愿行为或政府委派进入社区，以参与式设计的方式提供在地知识，协助社区或基层政府推进社区问题的解决或者促进社区品质的提升。新时代设计师角色的进步性在于充分体现设计的社会责任感，其本原角色可以给社区带来审美赋能，其设计思维可以给社区带来创新氛围。而同时，社区设计的过程也是一个理解他人和促成共识的挑战，社区不同成员往往抱怨各种问题和各种困难，只有换位思考、利他利公的思维与工作方式才能有效推进社区协商进程。社区设计师跟踪项目实施落地，确保项目品质，做精细化规划，做有温度的设计。

一般而言，社区设计师不是一个人，而是一个团队，在地伴随的专业知识加上团队协作的精神有助于激活社区成员的交互，搭建多元协商的平台并促成集体共识的决策。一旦共同缔造的社区事务得以实现，社区作为共同家园的精神内涵得以提升，设计的社会意义就得以彰显，设计师的社会能力也会得到显著提高。社区设计师的角色内涵也超越了一般的专业者，其还能够扮演组织者、倡导者、协调者、教育者、行动者等多样角色。因此，社区设计的过程就是社区与设计师双向赋能的共同进步过程。

在城市治理转型的多元共治要求下，社区设计师成为一种专业技术与社区治理结合的积极探索，是践行"人民城市人民建、人民城市为人民"重要理念的有益举措，是专业人员了解社情民意、输出专业知识、解决社区问题、满足社区需要的"为人民设计"的过程，其意义在于动态化、日常化地解决城市与社区发展所面临的复杂问题。社区设计师的专业知识在地伴随社区治理与建设，实际上起着分担政府职能、促进公共意识、赋能社区自治的综合作用，需要获得自上而下的赋权和自下而上的认可，并应建立相应的长效机制。

自上而下方面，需要制定相关政策文件、技术指引来明确社区设计师在城市规划建设管理过程中的工作内容与成果采用程序。城市规划职能部门对设计师的角色授权以及对经过社区共识程序形成的专案许可，是支持社区治理有效性的重要机制。区政府、街道办的基层联接作用也非常重要，是建立社区与设计师之间互信的基础，也是实施社区治理、确定社区决策的重要行政协调平台，有条件的情况下也可以考虑在街道设置"社区设计办"的专职岗位负责统筹社区治理与城市规划的协调，构建接地气的人民城市治理体系。

自下而上方面，社区设计师虽然有相当程度的行业精神和社会责任作为志愿性支撑，但仍然需要相应的荣誉和权益方面的机制保障。社区设计师的角色期望来自各方对于规划知识、设计思维在地性伴随的期待，兼具专业服务和社会公益的性质。荣誉方面，应结合设计行业开展广泛的经验交流，纳入城市文明宣传的鼓励表彰，鼓励更多的设计人员参与社区设计；权益方面，应结合政府购买公共服务、专项设计基金、受益者合理委托等支持社区设计师作为专业者角色付出的部分，显化设计促进社会进步的意义和价值，培育更可持续的政府、社区与设计师协同创新的合力，共同缔造美好幸福社区，以更精细的"绣花"功夫支持城市社区实现新活力，推进"以人民为中心"的高质量城市治理体系建设。

5. 杭州：驻镇规划师和乡村规划员制度

2018 年《杭州市人民政府办公厅关于进一步加强全市乡村规划管理工作的指导意见》提出：鼓励实施驻镇规划师和乡村规划员制度。鼓励区、县（市）政府选择知名的城乡规划设计（研究）机构作为战略合作伙伴，为辖区乡村规划管理提供技术支持。鼓励大专院校加大与区、县（市）政府合作，参与乡村规划设计实践和乡村振兴跟踪研究。坚持"问题导向、试点先行、全域覆盖、全程服务"的基本原则，在全市范围内逐步推进驻镇规划师、乡村规划员制度，建立乡村规划联络员队伍，结合"百千万"活动常态化要求，在部分区、县（市）选择若干乡镇进行驻镇规划师、乡村规划员、乡村规划联络员的试点，为乡村规划科学编制和实施、乡村规划建设监督管理提供人力和技术支持。

具体体现在：

1）选拔机制：杭州市通过公开招聘、推荐、专家评审等方式选拔具备相关专业背景和经验的人才。

2）培训机制：杭州市为驻镇规划师和乡村规划员提供针对性的培训，包括规划法律法规、村庄规划、城市设计等课程，提高其专业素质和服务水平。

3）管理机制：杭州市设立了驻镇规划师、乡村规划员管理办公室，负责统一管理驻镇规划师和乡村规划员的工作，监督和指导他们的实践工作。

4）激励机制：杭州市采取多种形式的激励措施，包括提高待遇、表彰先进、提供晋升机会等，鼓励驻镇规划师和乡村规划员积极投身基层工作，不断提高服务水平。

2.3 实践：总师模式的有益探索与创新

城市总师模式为实现有效市场资源配置进行了有益探索，发挥其非政府角色、规划的公共政策属性、技术管理优势，搭建公平开放的规划设计市场平台，实现规划编制、规划审核、重大项目招商的市场化运作，使市场在规划设计领域的资源和要素配置中起决定性作用，更好地实现资源对位和配套。

2.3.1 从"一张图"到"一座城"

1. 系统论下的整体把控

系统观念是创新城市总师制度的基础理论。在《中共中央关于制定国民经济和社会发展第十四个五年规划和二〇三五年远景目标的建议》中，将"坚持系统观念"作为"十四五"时期我国经济社会发展必须遵循的五项原则之一。在现代化的城乡规划中，规划设计要形成整体性全要素的技术整合，要以规划与治理整体结合的方法，为政府、社会、市场整体性发展预备好、落实好空间条件，基于管理、编制、实施的整体性贯穿运行，运用专业与技术整合，完成保护、更新、建设等工作内容。城市总师制度在整体性把控方面，强化顶层设计理念，以系统性、开放性的全球视野，深刻认知地方发展条件、城市景观风貌和本底资源特色；在全域全要素的整体协调方面，遵循"纵向到底、横向到边"的空间治理思路，以整体性、动态性的系统管理手段对全域全要素进行统筹协调，优化整合农业、生态、建设空间，建立全域单元管控模式，确立刚性、弹性要素的管控导则，充分体现城市总师的行政管理和技术管理职能，提高建设实施的落地性，系统地提升全域城乡空间治理现代化水平。

2. 全生命周期"纵贯到底"

2020年6月，习近平总书记在专家学者座谈会上强调"把全生命周期健康管理理念贯穿城市规划、建设、管理全过程各环节"，为统筹解决现代城市治理难题、系统推进城市治理体系和治理能力现代化提供了全新的思路，也为各级政府更加精准高效地推动城市工作指明了方向。城市总师制度的创新是对全生命周期治理过程的响应，在城乡规划治理中起到"纵贯到底"的管控协调作用，以治理现代化和高质量发展为总目标，对空间规划与设计、技术评审与咨询、建设实施与管理的全生命周期进行协调与把控。城乡规划治理全生命周期的各个阶段都需要城市总师的介入，通过动态的、持续的、开放的本底规划研究，对全域全要素的空间布局和风貌特色进行技术管理，并为行政管理提供决策支持，进而协调政府、市场、社会等多元利益主体，保证城乡空间有序发展。

3. 全过程论下的"打全场"

"打全场"在城市设计全过程论中意味着在整个城市设计的过程中，从项目的概念设计到实施管理，都需要有全面的参与和协调。城市设计全过程论强调的是对城市设计整个过程的全面理解和把控，包括对项目的调研、分析、规划、设计、实施等各个环节的深度参与和协调。在这个过程中，"打全场"意味着在各个环节之间进行全面的协调和平衡，以确保整个项目的连贯性和一致性。

当代城市设计与传统城市设计最大的不同是在城市建设过程中"打全场"，即"城市设计全过程论"认为城市设计是一个过程，甚至有城市设计专家从政府行政管理的视角，认为城市设计是"一系列行政决策的过程"。通过梳理城市设计控制策略不难看出，其控制管理的弹性程度是由紧到松不断变化的，从管控、导控到博弈，再到最后一定程度妥协的过程。像这样在管理上的"梯度妥协过程"有利于适应变化，调动各方积极因素，能够在既定目标导向下及时调整和修正设计概念，因此实施过程中的技术咨询和服务"一刻都不能少"。

2.3.2　五大职能与三大特征

总师制度是城市治理高质量与现代化的重要发展趋势，由高水平的规划专业团队配合政府对城市治理建设进行技术指导与监督，在关键节点做出有效的决策，全面参与把控城市从规划编制到实施落地的全过程，真正将行政管理与技术管理结合，对转型时期的城市治理起到战略引领和管控的作用，实现治理体系的重构。

1. 城市总师的五大职能

城市总师的职责非常重要，需要具备全面的城市规划专业知识和经验，能够统筹考虑各种因素，协调各方面的利益关系，确保城市总体规划的科学性、合理性和可行性。

1）规划构架：城市总师需要确定规划构架，即规划的基本框架和结构，包括城市用地规划、交通规划、环境规划、经济规划、社会规划等方面的规划，确保规划的系统性和完整性。

2）技术把关：城市总师需要对规划方案进行技术把关，即对规划方案中各项技术参数和指标进行审核和评估，确保规划方案符合国家和地方规划的要求，并且能够促进城市的可持续发展。

3）行政协调：城市总师需要与各级政府部门进行沟通和协调，确保规划方案与国家、省、市各级规划的统一和协调。

4）多方统筹：城市总师需要全面考虑城市的经济、社会、环境等多个方面的因素，制定综合性的城市总体规划，促进城市的协调发展。

5）宣教内容：城市总师需要向社会公众和各级政府宣传城市总体规划的重要性和意义，增强公众的规划意识，促进城市规划的民主化和科学化。

2. 城市总师工作的三大特征

1）以技术为本底：城市总师需要掌握城市规划的专业知识和技术，包括城市规划的原理、方法、标准、技术工具等，同时需要不断跟进新技术、新理念的发展，以确保规划工作的科学性和先进性。

2）以管理为手段：城市总师需要运用管理知识和方法，对城市规划实施过程进行监督、管理和协调，保证规划的顺利实施。具体包括项目管理、成本控制、时间管理、资源分配、风险管理等。

3）以实施为目标：城市总师的工作目标是实现规划目标，即将规划内容转化为实际的城市发展成果。规划目标的实现需要规划的科学性、可行性和可持续性，同时也需要对规划实施过程进行有效的监督和控制。

2.3.3　总师模式的权责统一

1. 总师模式的责任范围

在城镇化后半程和高质量发展阶段，城市总师制度作为完善国家治理体系、提升政府现代治理能力的一项创新举措，应在有限范畴内实现城乡国土空间全域全要素的发展把控和规划治理，负责国民经济、社会发展规划、重大产业规划及国土空间规划、城乡规划课题研究、决策咨询，负责重点国土空间规划、重点城乡控规、重点近期建设规划、重点区块及地段城市设计技术审查管控和决策审核，重大产业、重大基础设施、重大公建用地及重大项目设计技术审查管控和决策审核以及重大项目实施及验收阶段技术及风貌管控；负责当地国土空间规划、城乡规划等多规合一的地方法规、规章、制度、技术审查；负责重点阶段性国土空间规划、城乡规划设计、重点区块及地段规划方案及重大项目方案的技术审查管控、实施及验收阶段技术及风貌管控。

2. 赋予与责任同等的权力

当前大量实践多是采用政府主管部门授权的形式，赋予城市总师规划建议权和一定的裁量权力，但缺乏地方行政立法的部门授权，还属于先行先试阶段。城市总师在当前法定规划体系下的工作介入主要通过土地出让条件和设计方案审查等方式来实现，在参与城市建设管理的过程中，存在着与市场行为的博弈问题。城市规划管控要素的弹性既是规划导控的特点，也是方案审查过程中的冲突焦点，其中既有困惑也有经验。在城市总师实践经验相对成熟之际，应当逐步将城市总师制度纳入规划管理体系，并积极开展常态化和体系化的城市总师制度建设。从多元共治的视角来看，总师制度具有非常广阔的发展前景。

2.3.4　刚性与弹性的平衡

城市更新是一种对城市中已经不适应现代化城市社会生活的地区做必要的、有计划的改建活动的行为。如何把握城市设计和实施中各要素刚性和弹性的"度"，一直以来都是规划师及管理人员困扰的问题。管控过松，仅仅靠"宜""相一致""相协调"等定性引导，因缺乏具体的实施路径，其管控要求在开发实施过程中很容易被忽视，加之编制主体与实施主体的时空分离，容易造成设计思想的传导不畅，难以达到塑造良好城市形态的目标，如群体建筑形态、建筑风格和建筑色彩等要素的引导在实施中常常成为管控的难点。而管控过严，会使城市设计成果缺乏面对市场变化的适应性，也不利于后续实施阶段建筑设计的创造性和多样性。因此，在城市更新行动中，传统的城市设计一般仅能保障城市空间形态的基本秩序和城市公共空间的基本品质，更多的是对城市空间的"底线"管控。显然，这种管控方式已无法满足新时期对城市空间整体运行效率、空间活力与品质提升的需求，也无法实现精细化治理的时代要求。

城市总师模式是为应对传统城市更新中设计和实施的时空分离问题而进行的制度创新，是应对城市发展不确定性而提出的关于城市更新实施的导控方法。通过城市总师在城市更新实施中的全过程介入，在一定程度上将城市设计中的"弹性"予以更具实效性的框定。首先，城市总师一般由城市设计编制团队延续担任，通过实施过程中的导控服务，保障城市设计控制要素和语言的一贯性，有利于将最初的城市更新理念实现自上而下的传导。而城市更新理念是建立城市设计理性和逻辑的根本所在，城市总师的指导也有利于将更新理念统领且贯穿于城市更新实施的各个行动环节。其次，城市总师从专业角度对弹性要素和指标进行导控，可以根据城市更新实施的不同阶段合理制定控制要素的导控方式和导控力度，做到适时精准决策，为城市设计成果提供自由裁量式的专业技术支持。最后，城市总师能够针对实施过程中所出现的问题进行及时的应变和解题，特别是针对群体建筑形态、建筑高度、建筑材质和色彩等开发建设行为中的博弈焦点，在行政许可和地块开发意愿当中进行积极的专业协调，将自上而下的导控和自下而上的反馈相结合，有效弥补理性设计背后市场适应性的不足。因此，通过城市总师的指导和协调可以提高设计初期过低的底线管控，建立全过程精细化导控逻辑，有利于城市更新理念传导，真正做到从全局到一域的设计穿透，从而保证高品质城市公共空间及其整体环境的实现。

第 3 章

城市更新与总师模式的实践创新

3.1 总师模式内容创新

3.1.1 拓展"1+1"制度创新

1. 实施城市更新的制度需求

近年来，由于国家严格控制新增建设用地指标、划定城镇开发边界，以及新型城镇化背景下以人为核心的城镇化转型升级要求，在城市发展空间面临紧束的情景下，增量规划向存量规划转型的动因、过程、逻辑及变化等内容逐渐成为学者们热议的话题。

在现行规划管理制度下，"控制性详细规划"虽存在许多主观缺陷，却主导了"建筑管理"的规划条件，成为规划部门"建筑审批"的基本依据。然而，对于大部分城市而言，在"控制性详细规划"编制阶段，建筑设计相关条件尚存在许多不确定性，而土地出让过程中开发建设方的需求也存在诸多不确定性，尤其是对城市公共利益的维护规则简单粗犷，导致建筑的"都市性"降低；建筑管理更着重于单栋建筑的外观控制，加剧了业主对建筑形式的追求，也是导致建筑样式奇奇怪怪的重要原因。

城市设计在城市更新中发挥着至关重要的作用。它通过精细化治理的支撑，协调复合功能要素，塑造城市特色风貌，彰显城市特色，服务并引领城市发展，为城市的更新和改造提供了科学、系统、艺术化的解决方案。城市设计不仅关注当前的需求，而且着眼于未来的发展，以确保城市更新的可持续性和长远性。因此，城市设计是推动城市更新和发展的重要引擎，对于提升城市的品质和竞争力具有重要意义。

城市设计代表着对"现代建筑"思想影响下的功能主义城市的反思与批判。在我国，城市设计更有利于改进"控制性详细规划"科学性薄弱造成的问题，完善的城市设计导则将明确业主所应承担的公共责任，价值观鲜明的城市设计将有利于规范建筑方的行为。因此尽快设立与控制性详细规划相衔接的、具有相应地位的城市设计制度已经迫在眉睫。为优化"城市设计"和修正"控制性详细规划"，在城市更新工程建设"前策划"工作环节要强调从城市设计出发，明确提出策划与指引，将建筑在策划之初就纳入理性的框架，避免后续过程中决策者无原则的干预与扭曲建筑。

2. 城市总师模式的顶层设计

在规划部门层面，长期以来侧重于规划内容实施的内部链条构建，包括规划体系梳理与传递、关键平台和项目建设、实施调校和评估、实施监督与考核、政策转化与协同等，追求规划覆盖，解决有无问题。在政府层面，规划作为施政和治理的宏观工具，更侧重于从纵向的层级事权和横向的协同机制两条线索中，结合实施主体和实施手段来考虑如何推动统筹实施，更强调城市更新的效用，解决重点问题。在城市总师层面，城市总师模式可以进一步加强城市更新的顶层设计，与政府、规划部门建立行政管理与技术管理的"1+1"制度，更有利于建立完善的城市更新体系，促进全社会层面的优化（图3-1）。

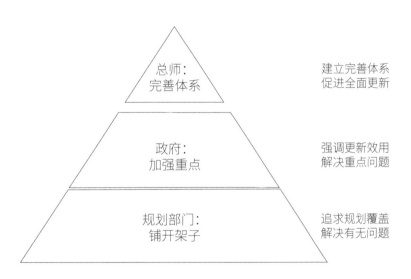

图 3-1 总师模式的顶层设计

3. 城市总师模式的制度创新

本书所述总师模式的核心思想，就是将政府行政管理与专业技术相结合，即"行政管理与技术管理'1+1'制度"。

在实施城市更新行动的背景下，有必要拓展这种"1+1"的制度创新，即在城市更新统筹城市转型发展的过程中，行政管理和技术管理两者并重，相互协调，相互促进，实现行政决策和技术支撑的有机结合。具体表现为：

行政管理方面：城市总师承担市政府委托的城市规划、城市设计、城市建设、城市管理等行政管理职能，负责制定城市总体规划、城市设计、城市建设和城市管理的政策和规划，落实和监督执行。

专业管理方面：城市总师拥有丰富的专业知识和技能，能够为城市规划和建设提供技术支持和指导，包括城市规划、土地利用规划、交通规划、环境保护规划等。

这两个体系相辅相成，形成了行政与技术"1+1"的协同作用。行政管理体系能够确保城市规划的合法性和行政有效性，而技术支持体系则能够保障城市规划的科学性和技术可行性。同时，在城市总师的领导下，这两个部门也会进行紧密的协作和沟通，以确保城市规划的整体性和协调性。这样的制度创新体系能够使城市规划的编制和实施更加有力、高效和科学，也能够更好地满足城镇化发展的需求和挑战。

3.1.2 搭建"总师"工作框架

在实施城市更新行动中，拓展行政管理与技术管理"1+1"制度创新体系，搭建"总师"工作框架（图3-2）。

城市总师模式的核心职能，就是城市建设的技术管理职能，并深度衔接政府的行政管理职能。在实施城市更新行动中，更新项目的落地需要行政管理部门进行规划制定、方案审核、行政许可和配套政策。而技术管理方面，总师团队主要负责城市更新的本底研究和技术组织两大环节。具体来说，技术组织又包括统筹把控、协调落地和长效保障三方面内容，对应更新项目的规划设计端、建设实施端和运营管理端。总的来说，总师模式通过技术管理核心职能，为更新项目的规划设计端、建设实施端、运营管理端提供技术组织服务，以实现行政管理与技术管理"1+1"制度创新。

图3-2 总师模式的工作框架

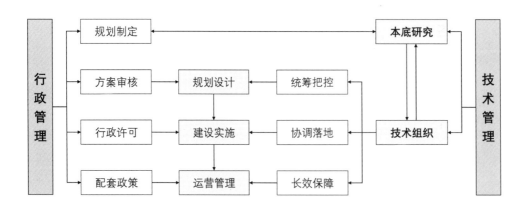

　　基于本底研究的总师模式技术管理职能，对更新项目的规划设计、建设实施、运营管理进行全程导控，以实现更新项目与城市空间的和谐互促。通过引入多元实施主体，在本底研究适度约束下进行个性化、多样化的更新方案设计。更新项目设计师与城市总师之间进行实时互动和反馈修正，统一在共同的工作框架之中，形成浓缩集体智慧的设计作品，从而实现"和而不同"的总体目标。事实上，在从增量时代到存量时代的城市发展过程中，房地产经济的重心由城市土地转向了城市空间，因此城市最终的空间形态是多方利益博弈的结果。在城市设计的两部分内容中，设计创作的本质是空间资源配置，实施策略的本质是空间资源调节，也可以理解为是协调和平衡多方利益的动态过程。

3.1.3　两端着力，中间管控

　　城市总师的技术组织与构架能够充分发挥社会第三方专业能力，分解城市更新的技术任务、指明规划设计的技术方向、做好行政管理决策的技术支撑。技术组织基于整体性的方法论，体现为"两端着力、中间管控"的管理特征。"两端着力"即"战略端"结合实际、立足长远，做好城市更新规划的顶层设计和全面谋划；"实施端"以重点更新项目为抓手，进行技术管控，保障规划落地。"中间管控"即在长远谋划的基础上，运用技术管理方法，保障日常管理目标和建设效果的实现。主要进行技术研究、技术咨询、技术评审、技术组织、技术审查等五个方面的整体架构，其实施路径重点体现城市总师模式的全局性和战略性、系统性和前瞻性、科学性和规范性，有序推进城市更新的高质量落地（图 3-3）。

图 3-3　两端着力，中间管控

1）两端着力的总师管理体系主要包括：

（1）总师制度保障。总师工作需要制度保障，在总师工作启动前应与相关主体共同进行制度设计。依托城市级"规委会"，总师团队对日常审查管理提供技术支持。重点片区、重大项目建设依托"指挥部"，总师团队对规划建设全流程提供技术支持。

（2）总师专报机制。总师团队通过本底研究，形成对重大、重点工作的意见建议，基于制度保障的"总师专报机制"，向市委、市政府提供重大事项的建议报告。

（3）城市设计指引。总师团队依托主管部门，基于本底研究，针对敏感性地区与重点地区的开发和土地出让，通过前期市场座谈与城市设计指引编制，达成土地出让环节出让条件科学化、购地快速化、管控高质量。

（4）重大项目组织。面向重大工程项目的招标或者征集工作，任务书制定非常重要。只有清晰工作目标，设计单位才能有优秀的成果，为了保障"最优的考卷"给"最佳的考生"，总师团队通过技术研究，形成凝聚高度、专业整合、架构科学、要求清晰、成果规范的任务书，并在过程中为应征单位提供解释与咨询。重大项目是城市品牌宣传与民众参与的契机，总师团队通过国际征集的组织不仅扩大城市的知名度，而且在过程中引入国内外重量级专家评审、安排城市调研环节、评审过程审慎专业，通过成果发布强化城市品牌，以专业的力量为城市价值提升助力。

（5）实施管控。好的方案落地要靠强有力的实施管控，总师团队通过在质量相关环节的现场审查把关，对项目质量控制实现精准管理。

2）中间管控的总师管理体系主要包括：

（1）技术审查。以技术决策为支撑，参与城市重大行政决策：通过参与各级各部门工作例会、技术评审会，协调统筹人大、政协及社会各方意见，作为技术智囊协助市委、市政府作出重大决策，支撑市级重大项目推进实施。集合多方专业力量，形成科学的技术决策：通过组织国际征集、专家研讨会、重点地块招标，邀请相关领域的院士、大师、专家为城市发展群策群力，整合优秀思想和理念，提高技术决策的科学性及合理性。基于行政决策指导，针对性地开展技术工作：在政府的指导下建立城市总师制度，为城市政府提供技术支撑和决策辅助，加强城市规划的系统谋划和本底研究，为城市梳理重点板块及重大项目提供支撑。

（2）项目库梳理与建议。总师团队依托主管部门，通过本底研究及日常管理沟通，形成对年度工作计划的梳理、整合、优化或者建议，为政府决策提供支撑。

（3）政策咨询与报告。基于日常管理需要，确定年度研究课题，形成政策咨询和专题研究报告，为政府进行政策方面的技术解读与案例研究，提高决策水平与效率。

（4）前期研究。针对重点片区、重大项目涉及情况复杂、专项技术多、主体多、工作交叉等问题，总师团队通过空间研究、专项整合、策划引导，在过程中结合各主体要求及高度的技术判断，形成稳定的前期研究与工作策略、工作抓手、工作纲领等文件。

（5）培训与研讨。对具有针对性的城市规划建设问题，总师团队依托"负面清单""规划建设体检""导则"等相关研究，对地方进行扎实调研、精准分析，提供关键策略，并通过研讨、培训等形式为地方政府提供能用、管用、好用的技术管理文件。

3.1.4　横向到边，纵向到底

城市总师作为城市规划的最高技术决策者，需要在规划建设中做出许多技术判断和抉择。为了确保规划的科学性和可行性，需要建立一套完整的横向到边、纵向到底的技术保障体系（图3-4）。

1）横向到边的技术保障体系主要包括：

（1）专业技术人员支持。城市总师需要依托专业技术人员提供各种技术支持，例如建筑师、城市设计师、环境专家等，这些专业人员能够为城市总师提供必要的技术帮助，保证城市总师的规划方案符合相关的规定和标准。

（2）技术手段支持。城市总师需要依靠现代化的技术手段来支持其工作，

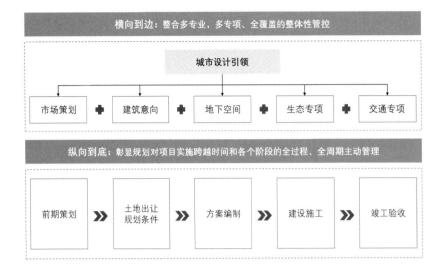

图3-4   横向到边，纵向到底

例如各种地理信息系统、CAD软件、三维建模软件、仿真软件等。这些工具能够为城市总师提供高效、准确、可靠的数据和分析结果，帮助其制定科学的规划方案。

（3）外部技术咨询支持。城市总师需要不断地接受来自各种渠道的外部技术咨询和建议，例如专业咨询公司、行业协会等。这些咨询机构能够为城市总师提供前沿的技术信息和最新的规划理念。

2）纵向到底的技术保障体系主要包括：

（1）规划法律法规支持。城市总师需要依靠国家和地方相关的规划法律法规来指导其工作。这些法规能够为城市总师提供明确的工作指引和规范，保证其工作符合法律法规的要求。

（2）政策支持。城市总师需要依靠政府相关政策来支持其工作，例如土地利用政策、城市发展政策等。这些政策能够为城市总规划师提供重要的工作支持和指引，帮助其在规划建设中得到更多的政策支持和保障。

（3）资源支持。城市总师需要依靠各种资源的支持来完成工作，例如资金、人才、技术等。这些资源能够为城市总师提供必要的保障和支持，帮助其开展规划建设。

在这个过程中，城市总师需要利用先进的技术手段，如地理信息系统、遥感技术、计算机模拟等，进行数据分析和规划模拟，以支持其规划决策。同时，城市总师还需要制定技术标准和规范，以确保规划工作的科学性和准确性。通过这些技术保障手段，可以保证规划工作的高质量和高效率，为城市的可持续发展提供有力的支持。

3.2　总师模式本底研究

3.2.1　城市更新的本底研究工作平台

总师模式所述"本底研究"，是行政管理与技术管理"1+1"制度创新下，总师团队进行技术组织的重要支撑和根本依据。本底研究是集城市体检、上位规划、实施管控于一体，持续、开放、动态的泛规划工作平台和思维。本底研究立足于城市所处区域大格局以及城市本体全域全要素的本土条件和资源摸底、研究，进行规划工作的开展、研究、实施、反馈、修正这一不断调整的过程，以实现城市的高质量发展、城市形态的持续优化、国土空间的有序开发与人民生活质量的稳步提升，实现城市治理能力现代化。总师模式通过本底研究对城市进行技术判断把握，以日常技术管理对行政决策进行支持，最终通过实施总控，将规划设计信息传导、落实到更新项目，最终实现运营管理的长效保障。

我国进行国土空间规划体系建立和改革的重点就是要摸清底数，将国土空间开发保护的核心管控要素传导、贯穿到各级各类规划当中。本底规划是持续优化的规划管理新理念与平台，是开放动态的规划研究新方法与手段，以其开放、动态的基本理念保障了规划研究的科学性、持续性。以本底规划统筹协调城乡规划编制技术、管理技术、实施把控技术，以行政管理和技术管理的"1+1"模式，破解规划编制和管理环节碎片化、行政管理条线横向联系弱等难题，实现全域、全要素、全生命周期的现代规划治理模式，达到有效管控与实施效果。在工作开展中秉承"本底规划"的规划治理新理念，搭建形成持续的规划研究平台、开放的资源整合平台、动态的管理实施平台和整体的城市发展平台。

根据城市级别和尺度，城市总师模式下，城市更新行动的工作平台有所不同。主要包括控制性详细规划及城市设计导则、总体城市设计、重点片区城市设计、重点项目城市设计等。总体城市设计及城市设计总图的纲领性与领先性体现出对城市愿景的良好控制，它不是一个个单体建筑或巨型工程的简单拼合，而是具有整体性与系统性的多专业、多方面的有机统筹和有效控制的结果。需要强调的是，这是一张承载美好愿景的共识蓝图，绝不是一张简单的静态总图，它统筹复合了城市宏观战略到微观要求，以及多层次、多维度空间体系和利益主体，并呈现于集城市结构、骨架、功能、尺度、风貌等设计管控要求于一体的动态图景中（图3-5）。

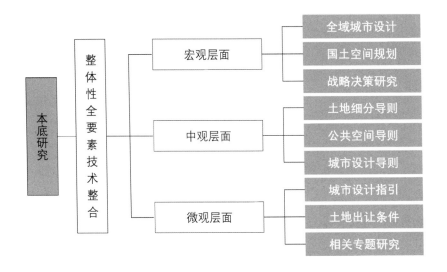

图3-5　城市更新本底研究工作平台

3.2.2　统筹思维回答常规题和附加题

城市更新涉及城市社会、经济和物质空间环境等诸多方面，是一项综合性、全局性、政策性和战略性极强的复杂社会系统工程。在总师模式下，本底研究还应从战略统筹、空间统筹和项目统筹三个方面入手，层层深入，回答城市更新的常规题和附加题，即基于规划视角的城市更新原则和策略，以及基于政府和治理视角的城市更新原则和策略（图3-6）。

战略统筹方面，在稳定国土空间格局、培育城市空间结构的基础上，进一步划定边界更为清晰、城市资源可支撑的各级"中心"，明确规划实施重点，通过各类倾斜性政策（如人才落户、项目供地、税负优惠）引导发展要素向重点地区集聚，即事权匹配，与有限资源投向和城市治理架构相匹配。

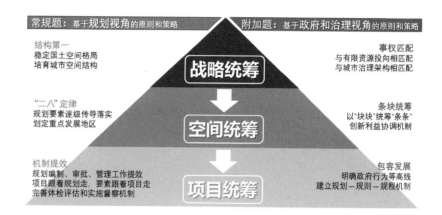

图 3-6　总师模式的统筹思维

空间统筹方面，城市更新更强调以条块统筹为核心。首先，政策要先于规划覆盖，规划是将国土空间用途管制的"政策"体现到"空间"上的工具；随城市管理下沉，规划单元应逐渐向治理单元过渡，同时结合规划实施展开前瞻性政策研究。其次，以全域国土综合整治为抓手，继续厘清土地台账，通过国土空间规划实现直接参与实施，将全综规划与国空体系衔接为实施平台。最后，强化集聚效应，提升城市整体和区域的运行效率，优化战略性节点，抵御城市收缩，实现城市空间结构的优化。

项目统筹方面，政府在城市更新中应明确有所为有所不为原则，强调管控、引导，规则开放给社会。建立规划—规则—规程"三规"融合的管控依据体系，赋予城市更新弹性。强调从机制到主体再到方式地全面推进城市更新，促进城市投资和社会经济发展。要依托城市更新行动强化国土空间"一张图"数据融合，提高项目主动策划和动态管理能力。建议建立城市更新行动操作系统，实现项目生成、统筹、管理和反馈的动态闭环，以国土空间规划"一张图"为基底，提升规划对市场和社会需求的动态响应能力。

3.2.3　生境、史境与城乡基础研究

在谋划城市发展战略的研究中，需要总体把控与研判城市发展趋势，以"生境、史境、城乡格局"为整体研究基础，确定城市空间发展的特征定位，提出城市长远谋划的战略策略，继续新的时代征程、贯彻新的发展理念、构建新的发展格局，推动城市高质量发展。

1. 挖掘生态本底，明确生境基因

生态环境、生态史境、生态现状对于城市未来发展起着至关重要的限制与引领作用，应研究城市的生态本底，对生长、发育、成长于城市中的生态本底进行深入挖掘整理并进行问题的凝练，明确城市生长的生境基因、特色单元、湖泊山林等有机交织的生态格局机理，研究相互之间的影响关系与作用机制。

充分认知生态本底资源，通过战略意义、生态识别、多维评价等多方面对城市生态要素进行系统分析和问题研判，挖掘生态资源价值，进而针对性地提出全域全要素的生境格局、策略路径和管控体系，形成国土空间规划体系中的生境格局。基于创新的城市复合性生态系统理论，进行三级网络生态特征分析、核心生态要素单元分析和生态功能网络评价分析，系统研判生境本底的资源价值。

2. 传承历史文化，梳理史境脉络

研究全市域的史境，进行文脉梳理。采用年谱断代方法，梳理全域历史的发展脉络；借用地理计量方法与空间大数据分析方法，构建文化遗产的时空大数据库；采用类型学的研究方法和视角，解析城市全域空间形态形成的文化基因、文化特征并进行文脉发展延续的问题梳理与凝练；提升凝练文脉传承可感知、可识别的重要空间节点和类型节点；对乡村聚落进行分析与研究，能够从整体聚落空间、街巷线性肌理、公共节事空间进行空间基因特征的深入研究和分类。

以本底规划为总体城市设计的重要抓手，充分认知史境特征、挖掘文化，通过对城市历史文化从认知到历史断代的前期研究，形成遗产价值评估和文化脉络演进，得出全域空间策略路径和分区管控体系。

3. 串联本底资源要素，加强城乡基础研究

在新时代新挑战的背景下，急需建立新的城市发展模式，从工业文明到生态文明，从人口红利到人才红利，从外力驱动到内外并举，从干线贯通到直连直通，从快速发展到共同富裕，以此形成高质量、高品质的城市空间发展道路，直面挑战、走向未来。在这一发展背景与趋势下，应以生境、史境的城乡基础研究为技术管控和行政管理的重要抓手，整体把控全域全要素总体城市设计方案，有序推进城市高质量发展、高品质生活、高水平治理的特色空间营造。

对城市资源要素进行深入研究，对城市各项资源进行深度把脉、调研分析和梳理，需要明确其所处的大区域格局，深入研究国家相关战略、新的时代背景和发展趋势下对城市所处大区域格局的影响和新要求；明确在国家战略和区域大格局下城市发展的新诉求，对接、利用的方向，以及对空间和功能定位的要求。研究城市本体的城市发展历程、建城历史与沿革、空间发展历程与空间发展特征，明确全市域的格局特色，串联全域生态、文化、城乡建设空间等全要素，为下一步空间发展战略结构和方向提供研究的指引和科学的论证。

3.2.4 城市更新本底研究操作规程

尽管本底研究为城市更新下的总师模式提供了工作平台和思维，以跟进实施城市更新行动，产生城市更新框架和公共空间蓝图，但城市总师仍然是咨询的角色。城市总师尽管进行了总体城市设计等本底研究，但由于城市设计导则本身不具有法律效力，无论多么美好的城市更新理想，仅仅依靠导则是无法很好地实施下去的。在总师模式下，城市设计导则与土地交易的法律规定应成为一体，业主在完成交易的同时要接受城市设计导则对城市更新的规定，即"城市设计导则的前置式使用"。在阅读导则后，业主可以提出自己的诉求。这个过程中，城市总师需要积极主动地利用导则的弹性，而不是被动地管理，也可以看作是利用导则更积极主动地进行协同优化。这样的协同优化，既是对城市空间品质的优化，也是满足业主、细化需求过程的优化，由此将城市更新的诉求传递出去，以公共利益和环境效益的提升作为细化业主需求的条件。这样，本底研究就作为更新方案深化的起点，成为引导提升城市更新的原则。基于本底研究，又高于本底研究，成为"城市总师"的基本操作规程。

1. 基于本底研究锚定空间格局

空间总体格局的构建需要在本底研究的基础上，促进区域协调与城乡融合发展，落实国家和省的区域发展战略、主体功能区战略，以自然地理格局为基础，形成开放式、网络化、集约型、生态化的城市空间总体格局。优先确定保护空间，构建生态保护格局，推动产城高质量发展融入区域发展格局，统筹全域发展体系，推动城区聚焦发展，强化专项支撑系统，完善空间整体架构。

2. 基于本底研究提炼城市价值

通过更科学、更准确、更全面的调查与评估方法，深入挖掘出城市文脉及特色资源，找到城市价值特色的灵魂根源。

3. 基于本底研究完善城市功能

在本底研究过程中认知城市的资源要素，挖掘本底资源优势和现存资源状况，指导城市功能定位和功能区分布；搭建资源管理平台和动态监督平台，实现城市功能的完整性和系统性。通过本底规划对全域全要素的整体把控，实现了城市功能分区规划的复合化、系统化和整体化。

4. 基于本底研究塑造城市风貌

本底规划实行"一控规三导则"，即：中观层面以总体规划为依据，为城市风貌特色研究提供母本，对城市用地性质、开发强度、建设规模进行控制分析，对城市建成空间环境提出控制要求；微观层面通过地块、街区、项目等建设条件、历史沿革、文化特色等本底规划，提出重点项目的城市设计指引与管控要求，重点统筹与协调城市风貌特色。具体来说，基于自然山水风貌，打造生态景观；基于历史文化要素，形成刚性指标；依托城市资源禀赋，构建未来城市。

5. 基于本底研究谋划实施计划

深刻认知城市发展的区域限制、本底资源、刚性约束等条件，组织进行相关本底规划的投标、编制、方案审核、技术把控、评审等工作，对其他规划工作进行指引；协助政府搭建开放的技术平台，组织相关专项研究与重大战略研究，解析和明确城市发展大方向、大战略的技术任务，做好管理决策的技术支撑。

3.3 总师模式技术组织

3.3.1 规划设计端

在规划设计阶段，总师团队明确城市更新要素及更新重点，基于"最优目标"，整体性开展城市更新前期策划工作，协调相关规划、提出规划建议并审查招标文件。政府部门通过实施城市体检评估开展"整体性诊断"，基于更新重点及前期策划建立项目库，审核项目选址并制定规划条件，最终完成城市更新项目招标工作（图 3-7）。

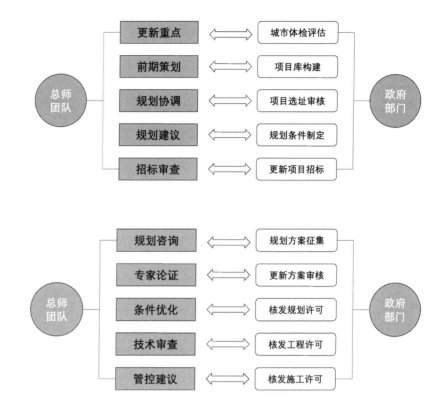

图 3-7 规划设计端的技术组织
（上图）

图 3-8 建设实施端的技术组织
（下图）

3.3.2 建设实施端

在建设实施阶段，总师团队参与规划咨询工作，组织专家论证相关规划方案，以保障城市更新实施的"技术理性"与"程序理性"；同时，进一步优化规划条件，协助政府部门进行技术审查，并提出实施管控相关建议。政府部门开展城市更新方案征集工作，基于专家论证完成更新方案审核，并核发规划许可、工程许可及施工许可（图 3-8）。

3.3.3 运营管理端

在运营管理阶段，总师团队基于城市更新行动中"责任—权利—利益"关系，积极协调多元主体，梳理相关资产并总结与借鉴相关城市更新案例经验，最终提出实施管控建议。政府部门积极构建城市更新行动协作机制，探索投资融资及营利运营模式并完成施工许可核发工作，实现城市更新"共谋、共建、共管、共享"格局（图 3-9）。

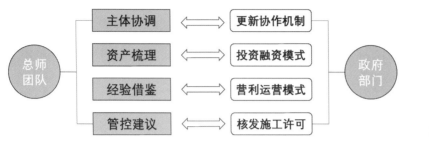

图 3-9　运营管理端的技术组织

第 4 章

总师模式下的城市更新方法

4.1 工作逻辑走向"整体性思维"

4.1.1 战略统筹思维

城市更新总师模式应运用战略统筹思维，对城市进行技术判断把握，以日常技术管理对行政决策支持，最终通过实施总控，将规划设计信息传导到落实更新项目。

1. 城市更新目标体系

重大城市更新项目在实施过程中存在建设时间长、涉及专业广、实施难点多等问题，为确保目标聚焦、效果最佳，需建立实施目标系统。

前期启动阶段以"城市价值"目标为导向，统筹考虑城市的经济、政治、文化、社会、生态等多个方面的价值理念和发展目标，建立可持续发展、高质量发展价值观，塑造城市地域特色。规划设计阶段以"空间功能"目标为导向，基于城市设计要素及有机更新理念，结合片区、地块、建筑特征，从功能、风格、市政、交通、景观等方面构建全要素的空间与功能设计目标。建设实施阶段以"效果实现"目标为导向，综合考虑项目建成后的成效与影响，从城市生态环境质量、整体景观风貌、历史文化魅力、经济产业活力、人居环境品质、可持续发展潜力等方面，构建实施效果与影响目标体系。

针对以上三类目标体系开展相关因子提取及权重分析，确定城市更新"最优目标"，并以此作为技术决策依据，贯穿项目规划设计、建设实施全过程，保障项目实施效果与设计目标不脱钩，规划设计成果有效落地（图4-1）。

2. 城市更新技术集成

技术集成体系是实现项目建设实施整体性管控的关键环节，将专业技术与先进技术进行反复比对，高度集成形成"最优技术"，从而形成"最优实施"，有效解决大量项目由于缺乏专业、专项协调导致的专业优势发挥不理想、先进技术效益不明显等问题。

总师模式下城市更新技术集成体系将更新项目实施中涉及的城乡规划、城市设计、建筑设计、综合交通、地下空间、市政设施、景观生态、智慧城市、业态策划等专业，与新型能源、绿色建筑、数字建造、地下空间、绿色交通、循环利用等技术进行筛选、整合、互通集成与优化，结合信息时代技术发展建立"技术库"，在项目实施过程中，通过适用技术筛选、专项技术整合、技术互通集成，最终形成技术整体性优化，实现单独技术效益最大化及整体技术体系最优化的实施效果。同时依托城市综合信息平台，对各项技术进行筛选、整合、空间落位、集合运行，并对专项技术内容进行初期校核、实施监控及投入运营后的动态维护，实现项目全生命周期管控，使各项不同专业领域技术之间协调匹配、互通集成（图 4-2）。

3. 城市更新品质管理

为确保项目建设实施的设计贯底，在重大项目建设中城市总规划师团队会

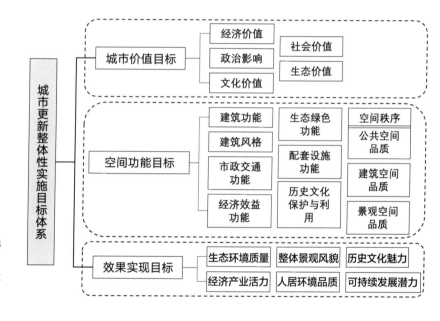

图 4-1　建设实施管控整体性目标
体系（上图）

图 4-2　建设实施管控整体性技术
集成（下图）

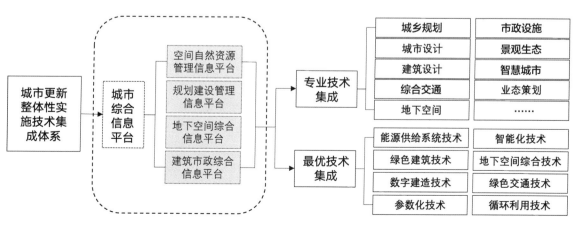

参与会前初审、筛选上推、会中评审、会后指导等工作，以保证项目在落地阶段严格按照规划设计图纸建设，对设计进行全面交底。实时跟进现场施工进度、材料选样、样板段建设情况及实际呈现效果处理等，建立详细的备案制度，落实设计到施工的表达传导及质量表现。建筑类项目重点审查外立面、外檐、室内空间、材料做法与特殊要求，景观类项目重点审查种植、小品设计与特殊要求。连同设计单位、业主单位、监理单位、施工单位，构建工程管理协同工作平台，在保障工程安全、进度的同时，还要保障工程效果。把控建筑景观风貌、空间形态、公共空间和相关指标，切实保障规划的实施落地，最终实现规划、设计理念"一张蓝图"的高质量呈现。

4.1.2　空间统筹思维

1. 锚定空间格局

一是优先确定保护空间，构建生态保护格局。明确自然保护地等生态重要和生态敏感地区，构建重要生态屏障、廊道和网络，形成连续、完整、系统的生态保护格局和开敞空间网络体系，维护生态安全和生物多样性。坚持以资源环境承载能力为刚性约束条件，以建设美好人居环境为目标，合理确定城市规模、人口密度，优化城市布局。建立连续完整的生态基础设施标准和政策体系，完善城市生态系统，加强绿色生态网络建设。落实宏观规划中自然山水环境与历史文化要素方面的相关要求，协调城镇乡村与山水林田湖草沙的整体空间关系，对优化空间结构和空间形态提出框架性导控建议；梳理并划定市县全域尺度开放空间，结合形态与功能对结构性绿地、水体等提出布局建议，辅助规划形成组织有序、结构清晰、功能完善的绿色开放空间网络。

二是推动产城高质发展，融入区域发展格局。结合城市发展阶段、资源状况、区域格局等，架构产业联动体系与空间，力争推动全域产城高质量融合发展。统筹分析产业发展情况，因地制宜，发展具有比较优势的特色产业，培育能够带动区域经济持续健康发展的主导产业，强化产业支撑坚持"在保护中发展，在发展中保护"的原则，积极培育新产业、新业态，着力构建科技含量高、资源消耗少、综合效益好的绿色产业结构，建设环境友好型、资源节约型的社会。借力区域资源，深入对接城市所处的大区域发展格局，谋划铸造时空紧密联系的区域发展骨架。

三是统筹全域发展体系，推动城区聚焦发展。城镇密集地区的城市要提出跨行政区域的都市圈、城镇圈协调发展的规划内容，促进多中心、多层次、多节点、组团式、网络化发展，防止城市无序蔓延。其他地区在培育区域中心城市的同时，要注重发挥县城、重点特色镇等节点城镇作用，形成多节点、网络化的协同发展格局。在城市总体空间布局上，打造"市域中心—地区中心—片区中心"三级城镇体系，在全域统筹的前提下，通过各级中心的集聚效应形成合力，推动全域，特别是中心城区的能级提升，聚焦发展。

四是强化专项支撑系统完善空间整体架构。以战略布局为核心，形成多专项系统支撑统筹，可持续、可衔接、可落地的发展态势与格局，重点从交通与土地利用结构、公共服务设施系统入手。注重推动城市群、都市圈交通一体化，发挥综合交通对区域网络化布局的引领和支撑作用，重点解决资源和能源、生态环境、公共服务设施和基础设施、产业空间和邻避设施布局等区域协同问题。交通与土地利用结构作为城乡规划的传统领域和需要解决的问题，应深度挖掘问题、对接大区域交通规划、梳理内部交通路网，通过交通系统的整体性构建，补足全域公共交通网络建设的短板。通过交通骨架的联网分级构建，增强要素流动，强化城市整体能级。与空间结构对应，强化公共服务设施的建设力度、短板补足以及系统分级，实现整体统筹、分级构建、有序提升、补足短板，通过在全域构建"区域公共中心—地区公共中心—片区公共中心"三级系统，实现中心城区和村镇区域的均衡覆盖，完成"15 分钟—10 分钟—5 分钟"生活圈的建设，形成能级聚力，打造高质量的全域公共服务体系。

2. 提炼城市价值

一是尊重现实，彰显城市特色。围绕山水本底、产业环境、历史文化和营建特色等本底规划的内容，深度挖掘城市地域风情。可在传统的调研踏勘及文案分析的基础上，增加多样化的公众参与方式，倾听市民心声。基于市民访谈与调查问卷绘制市民心理地图，反映市民对城市空间及价值的客观认知。

二是追本溯源，提炼灵魂根源。提取文化内核，对区域的历史文化进行挖掘和总结，并将抽象的文化元素具象地表达于城市的建筑、景观及街区氛围当中，构筑独有的文化场景。在文化建筑方面，通过对老旧建筑的改造与复兴来替代单一式的推倒重建，对于具有文化特色的老式建筑，充分实现居住、商业及文化公益等功能的相互融合，兼得社会经济价值。在文化空间方面，改造中充分考虑区域文化展示与市民文化生活的需求，一方面开放历史文化故居、文化展示馆等文化标志性项目，加强对本地文化的展示；另一方面打造文化街区、市民文化中心等，为市民提供文化活动的场所。在文化阶层方面，不少城市老旧街区活跃着文化创意阶层的缩影，在更新过程中要充分考虑他们所需的文化创作空间与环境，例如提供专门的文创工作室，同时加强文创阶层与市民的文化交流，让更多人享受他们所创造的文化价值。在文化生活方面，除建筑实体外，要充分考虑当地居民的文化身份与文化认同，尽可能保证居民原有的文化习俗、生活习惯与邻里关系网络不受干扰，保护区域内的非物质文化遗产。

三是价值转化，增加更新效益。在城市价值导向的更新模式中，城市的"内生价值"可以是城市更新的一种工具，其最终的效用需要通过其转化所得的社会经济价值进行评判。在此模式下，"内生价值"主要可转化为商业、旅游、文创产业中的经济价值，及改善居民生活所带来的公益价值。内生文化的价值转化是一个多元化的过程，对当地文创阶级的关注有利于文创产业的发展，同时塑造特色的文化软实力将大大助力商业与旅游业的繁荣；此外，在更新的过程中，城市的文化形象与公众的文化生活得到了充分的考虑，其所产生的公益价值也显而易见。因此，内生价值可促进产业与公益价值的大幅提升，项目的综合价值由此凸显。

3. 完善城市功能

一是挖掘本底资源优势，明确主导功能。对城市所处区域的发展战略和资源要素进行分析，明确城市在区域中的地位和作用。城市功能是指城市在一定区域范围内的政治、经济、文化、社会活动中所具有的能力和所起的作用。基于国土空间规划确定的区域发展战略，识别城市在区域重要生态区、经济圈、文化带中的地位，并对城市本身生态、文化等资源进行特征分析，明确城市发展的区位优势和区域限制条件，确定城市发展方向。在区域条件分析基础上，对城市本底进行资源挖掘，识别优势资源，确定主导功能。本底规划立足于对城市全域全要素本底的深入研究，对城市生态资源、历史文化资源、城镇建设、经济地理条件、交通地理条件、自然资源状况等进行充分的现状分析，形成本底研究。进一步对本底研究的结果进行提炼，分析城市的政治、经济、文化和社会发展条件，明确城市的主导功能。

二是合理保护利用资源，划定功能分区。构建全域全要素平台，对市域各地区资源状况进行分析，发现地区优势。城市规划作为空间资源配置与物质环境营造的重要公共政策和工程技术，对实际问题和全域全要素的深入研究是必不可少的。本底规划统筹研究城市生态、农业、城镇、文化等方面资源的空间分布和保存现状，基于城市空间本底条件因地制宜地进行城市功能分区规划。依托城市生态本底划分生态涵养区、旅游度假区等，依托城市历史文化划分文化区，依托城市工业资源划分工业区，依托城市发展格局划分行政区、商业区、居住区等。统筹把握生态空间、生产空间、生活空间，确定城市功能区结构。

三是掌握资源分布动态，强化城市功能。建立资源管理平台进行资源动态监督，保障各功能区持续发展。城市作为一个复杂的巨系统和有机体，处于不断的发展变化中，必须建立开放动态的规划研究系统，保证规划的科学合理。本底规划作为一种规划研究的新方法和新手段，以开放、动态的理念保障了规划研究的科学性、持续性。通过统筹把握本底资源，建立资源管理平台进行动态监督，掌握城市各功能区发展现状，进行弹性管控，保证城市发展的可持续性。利用平台监测机制及时收集反馈城市问题，完善城市服务功能体系。完善交通、供电、供水、环保等城市基础设施建设；加强公共设施建设，建设城市公园广场、体育设施、文化中心等项目；建立新型城乡居民合作医疗保险制度；建立公平均衡的教育制度，统筹城乡教育发展规划，完善城市服务功能。

4. 塑造城市风貌

一是基于自然山水风貌，打造生态景观。基于生态本底，塑造生态景观节点，形成生态网络，构建生态型城市。对于生态本底良好的城市，要顺应城市地理环境，依托自然山水打造生态景观。通过对全域生态要素进行系统分析、问题研判、生态特征分析，确定生态核心保护区。识别山水林田湖草沙等生态因子，利用各生态因子特色单元形成有机交织的生态格局，并与国土空间规划体系相衔接。对城市生态要素在保留自然的基础上进行较少的人为改造，注重对生态系统的处理和保护；连接重要生态核心保护区，塑造生态绿楔；依托河流、道路等廊道，串联起大小生态斑块，加强生态景观节点的连通性，形成完整的生态网络结构。活化景观资源，塑造城市开放空间，监测、保护生态环境。通过控制林冠线、改造海岸河岸、加强绿化连续性来提升绿化空间，打造特色植物景观；注重景观资源的活化保护，结合景观节点构建交通流线，开展休闲活动，提供服务功能。同时也要合理利用生态资源，对生态环境进行实时监测、评价，提出生态保护策略，不断强化生态系统服务功能。

二是基于历史文化要素，形成刚性指标。对历史文化资源进行原真性保护，塑造历史文化名城的风貌特色。对于历史文化本底资源丰富的城市，在文化发展传承过程中产生的历史文化街区和历史建筑是塑造城市独特风貌的物质基础。宏观层面的历史文化名城在城市更新中应确定文化要素的核心保护范围，并对其内部建筑进行原真性保护，避免人为破坏；针对历史文化要素集中的城市风貌区应注重打造历史文化要素的保护格局，通过建设控制地带和风貌协调区，对周边建筑的高度、色彩、功能等指标进行刚性管控，凸显城市特色文化。应以本底历史文化资源为核心塑造城市历史文化节点和标志性文化景观，尊重、顺应、保护历史文化街区的基本形态和肌理，打造特色历史文化保护区；在标志性建筑或建筑群周边对建筑高度、建筑立面、建筑风格进行控制，形成视线通廊，打造视线焦点；利用城市历史文化底蕴激活历史空间，挖掘文化内涵，将文化元素融入城市标识系统、活动空间、文化场所，体现城市文化特色和人文关怀；开展文化活动，形成历史文化节点，并串联节点形成历史文化廊道，增加城市文化底蕴。

三是依托城市资源禀赋，构建未来城市。新型城镇化背景下，城市可打造交通网络化、建设集约化、功能复合化、产业高端化、环境生态化、服务智慧化、风貌多样化的空间特征。基于城市的本底研究，统筹生态、文化、产业、科技等要素，打造未来城市。加强城市与区域间的联系，构建交通骨架，形成城市发展廊道。科技创新人才与技术资源要素集中的城市，应完善区域交通网络，构建区域发展廊道骨架，实现城市间要素的流动和联系。位于区域经济核心的重要节点城市，应承担起枢纽城市的作用，形成向周边辐射的空间形态。对产业结构进行优化升级，形成产城融合、高效集约的空间风貌。基于本底研究编制产业规划，依托教育、科研、人才等优势，集合城市本底产业优势，打造绿色生态引领、创新产业集聚、产城高度融合的城市，打造科研、创新、制造产业集群，实现资源高度共享发展，形成集约高效、弹性生长的城市空间形态。打造快速绿色一体化交通系统发展战略，强化以"市域轨道为主导、有轨电车为支撑、慢行绿道为辅助"的公交系统，辅以城市特色交通，如水上巴士。完善智慧服务体系，开发医疗、文教、物流、政务等多元服务功能，提供高效的交通环境和设备远程操控服务，提升人居生活品质。

5. 谋划实施计划

一是认知城市发展，提供技术支撑。基于本底研究提出规划思路，进行技术讲解和培训，明确规划设计技术把控内容。在本底规划研究的平台上，对重点地段、重点规划设计项目的关键任务和方向进行研究分解，对相关设计单位进行设计项目的方向引领以及针对主要技术条件、设计思路的技术讲解和业务培训工作。进行规划编制组织和技术评审，实施城市公共空间品质的技术把控。

协助政府组织重点地段、重点项目的规划编制国际方案征集、技术把控、技术审核等工作；进行全域城市设计、片区详细规划、重点地段城市设计的方案征集、技术把控、技术审核等；对相关城市设计导则进行技术分析和把控，重点对城市重要节点、城市风貌、建筑色彩、沿街立面等进行技术指引和落地实施把控。对城市重要专项规划的技术意见与编制技术进行把控，如水系景观规划、绿地系统规划、开放空间规划、慢行系统规划、历史文化名城保护规划等是城市总规划师制度的重点工作之一。

二是研究城市本底，确定管控要求。明确精细化管控流程，实现城市高质量发展。城市总师的所有技术理念、战略格局的顶层谋划、空间布局的全局规划都需要通过具体、有效的管控管理才能落地，继而实施和发挥城市总师的作用，达到规划治理创新的目的，应以落实规划为目标，制定精细化管控的技术措施与管理方法，完善精细化管控的体制机制。精细化管控需要制定合理、切实可行的工作流程、要点，有所为有所不为，才能协调解决各个部门、各专项规划、各重点领域与关键节点的关系，实现精细化管控的目的，达到城乡有效治理和规划落地实施。城市总师应以国土空间总体规划和全域总体城市设计为抓手，对城市空间形态、建筑风貌特色、核心节点工程、蓝绿空间网络等方面进行精细化管控。面对全球生态环境的恶化与我国碳中和、碳减排的目标与承诺，应该加强对城市水网肌理、生态空间、山体的管控，制定严格的管控原则和标准，提升城市品质。

三是明确核心抓手，保障规划实施。规划的落地实施需要在精细化管控的基础上，明确核心抓手，以高质量建成效果为核心、多专项整合为手段、全过程把控为工作内容，保障规划的落地性，提升城市价值和环境品质，最终实现"人民城市为人民"的目标。高质量的实施必须在全面战略谋划和系统规划的前提下，进行"年度项目库"和"近期建设项目库"的精准部署，安排城市建设的年度工作重点任务、近期建设重点项目，并列出时间节点与核验标准，高质量地保障规划的落地实施与完成；以整体性实施方法为指导，对重点片区、重点项目进行技术把控与跟进。在明确重点和抓住、抓稳近期建设项目的基础上，以不忘初心为理念，系统谋划"百年百项"或者长期发展的重点项目与工程，抓民生、促保障，通过总师模式和团队的总控制度与方法保障长期效应，推进规划落地实施，最终实现生态文明、城乡融合、产业兴旺、文化传承、区域统筹和人民幸福的终极目标。

4.1.3　项目统筹思维

城市总师制度下运行管理的履行主要通过建立城市总师制度和机构，以行政审查等方式行使行政建议权，落实公共政策管理，搭建统筹协调城市行政管理、规划管理、建设实施等组织机构的桥梁，理顺垂直条块和横向空间的关系，统一与均衡政治理性、经济理性、功能理性、文化理性和生态理性，直接介入及具体实施城市更新规划治理全过程。城市总师的运行管理路径以规划的公共政策属性为依据，重点体现了规划治理的整体性、协调性、公平性和市场性特点，是合理引导城市有机更新、平衡协调公共利益、推动城市可持续发展的关键。

1. 更新项目决策支撑

城市总师具有强烈的行政主导性，履行城市规划建设的行政管理职责。城市总师的行政管理是统筹和协调组织管理、规划编制、建设实施等城市更新工作的重要途径，通过理顺纵向的行政关系、横向的条线分工，明确各级政府部门职能边界，使其各司其职，形成良性的、高效的、协同的行政管理运行机制，通过绩效评估、行为监管、行政考核等手段推进行政管理工作，构建网络化的行政治理体系。宏观层面，配合各级政府，以总师团队的本底规划研究为根本依据，为全域、主城区、重点地区和街区地段等层面的有机更新提供规划依据和可实施性意见等行政决策支持。中观层面，协助自然资源规划管理部门，健全、完善对城市更新总体规划、详细规划、专项规划的把控机制，作为政府与部门之间自上而下指导和自下而上反馈的行政管理纽带，以及平衡协调各平行部门主体管理职能与关系的行政管理枢纽，为有效组织规划编制、协调实施各类型空间规划提供行政管理支撑。微观层面，协助自然资源规划部门对城市更新项目的选址、规划、设计、建设实施与管理等提出意见与建议，为主管部门的项目分析与决策提供行政管理支撑。

2. 更新项目平衡协调

城市总师需要以专业的视角、依法行政的理念、平衡公正的思想以及与时俱进的智慧，理性平衡地方政府、社会团体、企业与公众之间的利益关系，做到技术决策权与行政决策权、城市的保护与发展、政府与市场、企业与个人利益的有机平衡；同时从专业技术角度做好上下级规划、总体规划与专项规划、详细规划与建筑设计之间的协调与衔接，根据本底规划研究成果提供规范的、标准的、科学的行政管理意见，为提升城市规划治理的有效性和现代化水平提供支撑。

城市总师在为政府提供行政决策、为管理部门提供规划设计意见、为规划编制机构提供规划设计要点、为空间使用者提供民主决策指南时，应重点体现其公平性和整体性。在前期规划阶段，总师针对城市设计工作内容，统筹协调规划设计、建筑设计和市场策划等专项的编制，涉及政府、市场、公众等不同团体在编制过程中的利益冲突，需要总师开展整体性的把控工作，确保综合统筹冲突要素，最大化城市设计的目标价值；在法定规划阶段，总师针对国土空间规划、控制性详细规划等法定规划内容，协调地下空间、综合交通、市政设施、生态专项等专项规划的编制，满足自然资源部门代表的政府利益和诉求，同时衔接和管控规划设计单位的技术工作，确保规划设计内容的综合效益最大化；在土地出让阶段，总师作为技术顾问，从维护城市品质的专业技术角度，对涉及土地出让的专项内容及策划方案进行总体把控，向自然资源部门及属地政府提供行政决策的意见和建议；在规划实施阶段，总师依据土地出让条件、土地细分内容、城市设计指引等对项目建设进行品质管控，为相关政府部门、建设单位提供技术指导和参考意见（图 4-3）。

3. 更新项目管理平台

依据我国行政管理层级与行政部门分工建立的线上与线下"管理平台"，是城市总师履行行政管理职能的机制保障。"线上管理平台"指以日常管理工作为目标的分部门联合工作平台，在部门分工的基础上实现城市更新全过

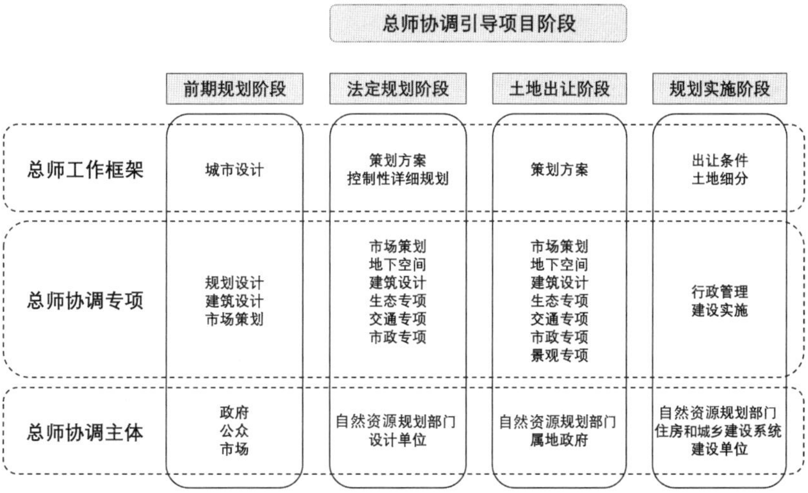

图 4-3　总师全过程贯穿的协调机制

总师协调引导项目阶段				
	前期规划阶段	法定规划阶段	土地出让阶段	规划实施阶段
总师工作框架	城市设计	策划方案 控制性详细规划	策划方案	出让条件 土地细分
总师协调专项	规划设计 建筑设计 市场策划	市场策划 地下空间 建筑设计 生态专项 交通专项 市政专项	市场策划 地下空间 建筑设计 生态专项 交通专项 市政专项 景观专项	行政管理 建设实施
总师协调主体	政府 公众 市场	自然资源规划部门 设计单位	自然资源规划部门 属地政府	自然资源规划部门 住房和城乡建设系统 建设单位

程有效管控；"线下管理平台"是指以重点项目管控为核心的"指挥部"管理平台，在"指挥部"平台中多部门协同工作，实现集中式、扁平化管理与高效决策。

在重大城市更新项目的规划建设过程中，通过"指挥部"集中管理，明确职责范围与工作组织，包括统筹土地整理、拆迁与出让、协调各方利益主体、组织前期规划设计、把控工程实施建设、促进公众参与等工作内容。重点统筹各专业团队的专项规划与设计成果，并协调以政府、市场和公众为主体的各方利益群体。实施开展各类沟通座谈、成果汇报、公众调查等工作，确保通过"线下管理平台"的精细化管理实现重点项目的高水平决策、高效率管理与高质量建设（图4-4）。

4. 更新项目行政许可

"行政许可系统"是城市总师依法依规开展行政管理的保障。以"一控规三导则"的规划管理创新，实现城市通则管理的法定化转换。针对近期实施的重点项目，依托"城市设计指引"实现对项目的更高质量引导及更精细化管理。

"一控规三导则"中"一控规"是法定性文件，是对总体规划"自上而下"的指标分解；"三导则"是将城市设计创新性转化为"土地细分导则""城市设计导则""生态城市导则"等技术性文件，依据"总量控制、分层编制、分级审批、动态维护"的总体思路，形成"一控规三导则"的特色管理机制。

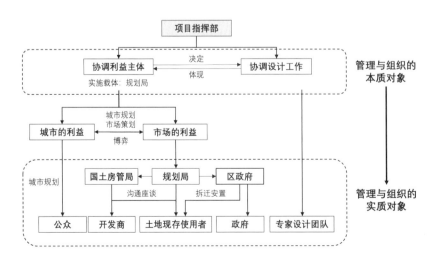

图 4-4　重大项目指挥部管理组织框架

　　"一控规"以控制性详细规划为依据，以"控规单元"进行管理，在单元层面落实技术设施和公共设施布局，同时考虑土地兼容性；"土地细分导则"将控规单元指标分解到"地块"土地出让指标、开发强度指标、"五线"等规定上，形成对地块开发规模和基础设施支撑等二维控制；"城市设计导则"是以"单元"和"地块"为单位的规划管理通则，管控建筑特色、环境景观、公共空间等城市三维空间的风貌和形象；"生态城市导则"以生态专项设计为支撑，落实生态低碳指标内容，实现生态低碳城市建设。通过"一控规三导则"管理措施将城市设计法定化，为城市设计科学、高效管理奠定基础（图 4-5）。

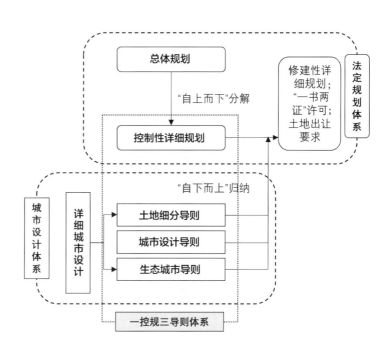

图 4-5　"一控规三导则"管控体系示意

　　"城市设计指引"是近期实施地块层面的详细城市设计管理方法，是在城市设计导则的基础上，更具有针对性、落地性的技术成果和管理依据。"城市设计指引"由规划与土地行政主管部门联合发文，是土地出让中与规划条件并置的要件，虽不纳入国有建设用地使用权出让合同，但具有行政约束力。政府通过"城市设计指引"向开发企业明确城市规划管控要求，是出让地块编制规划设计方案的重要参考，形成"土地出让条件"法定刚性约束与"城市设计指引"弹性引导管控相结合的创新管理手段。

4.2　城市更新要素整体性布局

4.2.1　城市更新要素"生态圈"

　　足额的资源要素和要素的高效配置是整体性治理的基础和前提，也是地方政府实施城市更新行动面临的首要难题和迫切需求。传统城市更新依赖政府获得各类资源要素，缺乏公众参与和利益分享，不仅财政压力大、成本高、效率低，而且实施效果差、人民满意度低。在"以人民为中心"的整体性治理理念指导下，城市更新的资源要素生态圈需要多元主体相互配合、共同投入。要素投入是社会主体参与城市更新过程与成果分享的重要依据。总师模式下城市更新过程中的土地、资本、人力资源、科技以及文化等要素的产权属性、管理涉及的法律政策、掌握支配的主体以及功能各不相同，在处于不同区位条件、功能定位、发展阶段的城市中的组织方式和可获取性也各不相同。各类要素之间存在相互依赖、牵引、制约的复杂关系，如土地资源要素的创新往往是吸引资本要素、带动产业要素发展的关键；文化要素的保护是促进科技应用、管理运营方式变革的契机；融资模式和约定决定了产业要素填充的思路和收益分享的格局等。需要运用整体性治理理论，以更好地发挥各类要素的协同效应、规模效应为目标，探索不同城市本底条件、发展诉求和应用场景下各类资源要素的获取方式、组合搭配方法、运用配置方案以及价值创造、实现共赢的路径，搭建整体性治理下的城市更新要素"生态圈"（图4-6）。

　　我国城市更新实践表明，对城市更新最为根本和至关重要的影响因素有三个，即产权、用途和容量。可以说，每一次或大或小的制度变革都不可避免地

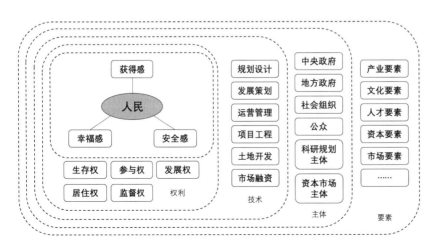

图 4-6　整体性治理下的城市更新要素"生态圈"

触及这三个要素，其背后折射的是不同利益相关者之间的再分配。妥善处理好这三个要素及相互关系，有助于推进城市更新。

1. 更新要素——产权

开展城市更新，首先要面对的是如何处理已经存在的城市开发建设，以及现存的建筑物、构筑物、景观环境和相关设施等建成环境实体的权利归属问题，也就是产权问题。城市更新涉及的产权通常是指财产所有权，即所有权人依法对自己的财产享有的占有、使用、收益和处分的权利。城市更新对象的产权复杂性既表现在"土地产权"和"建筑产权"的区别上，也表现在"单一产权"和"复合产权"的不同上，还存在于"公共产权""私人产权"及"产权不明"等多种情况中，以及 40 年、50 年、70 年等差异化的产权年限规定上。实践中，利益各方只有意见一致才可盘活处理。由此，"产权"成为决定城市更新项目能否实施的首要因素之一，即：对于老旧小区和旧村落来说，产权难点往往在于如何取得数量众多、需求不一致的"个体"产权人的一致同意；对大部分商业与办公区来说，其产权主体相对清晰和单一，处理的难点在于产权转移的议价空间；对于工业区来说，产权问题主要聚焦在工业用地产权地块是否可以分割、产权年限是否可以调整、土地是否可以协议出让等方面。

此外，从我国城市更新的具体实践来看，其更多聚焦在更新项目的历史遗留问题处理、多主体实施、土地协议出让、带动和激励原产权方的自主更新、产权地块边界调整与产权年限等方面。

2. 更新要素——用途

城市更新过程对已有设施在"用途或功能"上的变更会直接导致再开发进程中收益增值等方面的变化。目前，我国变更规划用地性质基本上意味着地块变成一块"新地"，再开发必须重新上市。按照管理程序，改变土地用途首先需对控制性详细规划依据法定流程进行修订。这给一些不拆除重建而是弹性改作他用的已有建筑再开发（如工业建筑的保护性更新利用）带来了很高的制度门槛和实现困境。对此，可通过尝试一些更新制度的创新变革，如放宽"用地兼容性"、推行"弹性用地"、设定部分用途可互相转化、给予工业"转型期"优惠等，降低原有用地性质转变程序的复杂度和难度，既强化城市建设法治化管理的权威，又减少不必要的行政干预和调控。

3. 更新要素——容量

"容积率"是地块开发容量的表征指标，是城市更新过程平衡成本与收益、决定开发增值等的重要指标，也是城市更新进程中最为敏感的要素之一。许多城市更新项目看似在做存量或减量规划，实质却是减量上的"增量"，即通过提升容积率来产生更多的收益，以平衡成本和增加开发吸引力，从而推进更新实施。为避免容积率过度提升导致城市建设在强度和密度上的失控，进而影响城市品质提升，我国部分城市采取了一些积极的方法：一是设定容积率调整上限及利益共享；二是提出获得容积率提升或奖励的前提是在更新中增加公共空间、建设公共设施、提供公共住房等。各地可以此来实现更大区域的建设统筹及公共利益维护，并通过合理的分配机制实现收益共享。

4.2.2 "整体性诊断"与"整体性治疗"

1. 实施"整体性诊断"

我国在进行快速城镇化的过程中城市规模高速扩张，引发了城市人口总量、城市用地的快速膨胀，进一步引发了交通拥堵、空气污染、治安较差和就业困难等一系列问题。同时，国家也越发重视城市环境治理和人居环境品质。在 2015 年，中央城市工作会议提出"城市工作要把创造优良的人居环境作为中心目标，努力把城市建设成为人与人，人与自然和谐共处的美丽家园"。这成为城市体检工作的开端，之后大量新课题和方向开始关注宜居城市的建设，而应对城市病的城市体检指标是其中的重要内容（图 4-7）。

图 4-7　城市体检指标制度建立的驱动机制

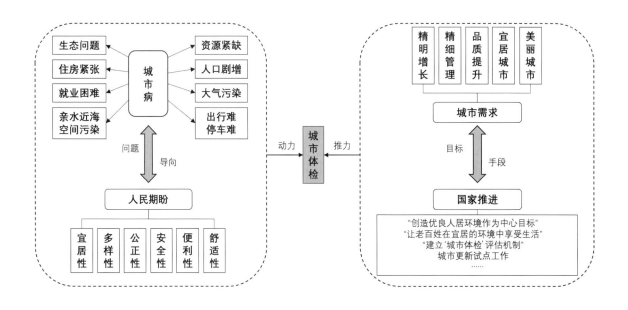

在 2017 年，住房和城乡建设部正式提出城市体检评估机制。2018 年，北京市率先完成了城市体检指标工作，尝试在全国发挥"样本"作用。2019 年，住房和城乡建设部在福州等 11 个城市推广了城市体检指标试点工作。与此同时，城市体检的研究也开始受到中国学者的关注。2020 年，住房和城乡建设部开始在全国总计 36 个样本城市进行以"防疫情、补短板、扩内需"为准则的城市体检工作。

近年来，中国部分城市结合自身发展需求和优化城市建设与管理的目标开始谋求新的发展方向。例如，"精明增长"和"紧凑城市"理念倡导新型城镇化模式由"增量扩展"向"精明化的存量"模式转变，同时提倡土地混合使用来提高土地使用效率。"城市品质"则要求城市发展既要形成物质空间的城市风貌特色，又要体现出内在的城市文化精神，还要有较好的社会经济基础与城市基础设施，这体现了城市内在精神的品位和城市本质质量的统一。因此，考虑到多元城市评价体系的发展，作为一个综合性的城市规划和管理的评估平台，城市体检指标应运而生。

城市体检指标是从城市体检评估概念中衍生而来的，有关城市体检指标的工作方法、指标体系的构建还处于探索阶段。目前研究上较明确的是，城市体检指标是通过对城市的人居环境品质、城市规划建设管理的效果进行定期评估、监测和分析，来精准地把握城市发展状态，及时地发现城市病，实时地监测城市动态，有效地开展城市治理，以促进城市人居环境的健康发展。

从目前的实践情况看，城市体检指标采用为城市诊断的方式来研究城市现状发展中存在的问题和不足，建立体检评价体系，来加强对城市现状的掌握，为城市发展提供了新的评价方式。目前，许多学者开展了城市体检指标在国土空间规划评估中的应用研究。但是，目前尚未有相关的城市体检评估信息系统的准确定义和规范。实际上，在建立城市体检指标过程中，以城市体检指标数据库为基础来开发城市体检评估信息平台，可以有效实现城市体检指标在线填报、自动提取和校核，以及实时计算与分析。在此基础上，平台可以辅助制作城市体检评估报告，这样不仅能显著提高城市体检的工作效率，而且有利于最终推广"一年一体检，五年一评估"的城市体检指标长效机制，并使城市体检成为推进城市高质量发展的重要决策工具和手段（图 4-8）。

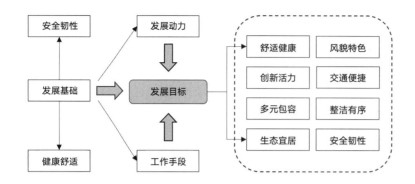

图 4-8　城市体检指标评估逻辑

在城市发展过程中，应从城市—城区—街道—社区多层级来建立城市全方位的评价体系，对城市的各个重要组成部分进行量化评价，形成对"城市病"的筛查机制并实现最终的精准治理。由于城市体检是一种实用性治理方式，需要常态化与标准化的运行机制，城市体检评价体系应覆盖生态、健康、韧性、交通、风貌、整洁、多元、创新、包容等有关人居环境建设的各个方面，以民生问题和城市运营维护问题为重点，通过城市治理系统、大数据、居民监督和评价等提升城市的精细管理水平。

城市体检的目标是推进城市治理体系和治理能力的现代化，提高城市人居环境水平，推动城市高质量发展。通过构建城市体检评价体系能够实现由事后发现和处理问题向事前监测、预警和防范城市病的产生转变，具体表现在：第一，通过合理的指标体系建设推动城市发展的内涵回归——以人为本，凸显城市发展"以人民为中心"的基本理念；第二，通过城市体检指标来改变城市发展方式由粗放型大规模扩张向内涵型高质量发展转变；第三，促进城市规划和管理工作重点由重项目和重硬件向城市建设、运营和治理并重，推动城市向软硬件运行维护和优化转变；第四，通过城市体检指标在城市治理上的运用来推进城市治理体系和治理能力现代化，使城市治理由事后发现、检查和处理问题向事前监测、预警和防范城市病产生的方向转变。

2. 开展"整体性治疗"

城市体检治理组织的目标主要包括以下 4 项：①建立城市体检参与专家选拔、参与人员成果认定标准，建立复合型的覆盖技术、运营、管理等方面的数据团队，业务人员能落实和执行城市体检的职责；②体检合作制度参考行业最佳实践，根据合作与执行情况优化城市体检管理过程；③建立更大的外部组织沟通机制，阶段性收集整理城市体检相关案例，全员认同城市体检是重要的城市治理工作；④参与国家、行业关于城市体检多方参与的标准制定工作，定期组织城市体检的交流和培训。参与者的目标较明显地分三类：第一类，参与主体希望建立城市体检指标来获取自己的行政资源；第二类，参与主体希望参与城市体检来提升自身的业务能力，其对城市体检的参与度为中等；第三类，主体是社区居民，其主要目的是提高自己的城市治理参与度并优化自己的居住环境和生活质量（图 4-9）。

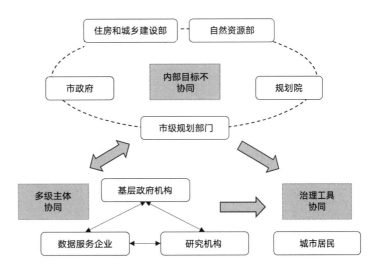

图 4-9 城市体检协同治理网络优化图

从参与主体的能动性差异来看，在城市体检协同治理的过程中，应该根据不同参与主体对城市体检发展的热情度高低，采用不同的协同方式来推动合作网络建设。协同方式主要包含以下 3 种：

一是政府内部各部门与规划院的目标协同。尽管政府与规划院的参与度较高，但不同的部门对城市体检的发展有不同的预期。因此，政府内和规划院需实现对城市体检的目标协同。首先，体检部门要把城市体检指标作为国家治理体系现代化的重要组成部分，把体检的数据提升到城市资源层面，把城市体检与政府改革变革有机结合起来。其次，根据城市的各部门对于城市数据的需求制定体检战略，确立城市体检目标，将其纳入城市管理的基础工作。规划部门应牵头与教育、民政、公安等部门一同制定、实施、评估和管理城市体检发展方向与指南。最后，加强顶层设计，明确城市体检数据的治理原则，协调和平衡政府内部与规划院的利益，在合作治理目标中积极追求多个治理主体的利益平衡点，明确体检政策落实的权利和责任。

二是多级政府与企业机构的主体协同。城市体检应建立除主要发起主体外，参与主体间协调的治理机制，调整区与基层政府、企业等主体间的相互适应和合作关系。首先是建立城市体检治理的结构调整机制。在市级层面上，由市规划部门领导的城市治理组负责评估计划、整体规划、调整和标准化，在区级层面组织建立区级市政部门的体检小组。同时，建立特别的城市体检管理和监督机关，在市级层面确定全职数据管理人员，在区级层面确定城市体检的项目负责人，在基层确定城市体检的工作流程。三级政府主体共同负责数据标准化处理和监督，做好体检数据安全保障、报告分析和保护市民隐私等工作。其次是建立城市体检指标的程序协调机制。城市体检中的数据服务企业与研究机构应通过协议建立联合交流平台，以体检项目的负责人和数据技术人员作为主要交流对象。政府也应组织规划和自然资源、民政、教育等部门加入数据治理合作平台。通过加强部门与企业机构间的沟通和接触，建立共同体检优化机构，整合各方的职能，建立手续性、制度化的沟通，建立政府和企业机构之间的数据协商解决机制。

三是城市体检多方对于居民参与的工具协同。城市体检应该推动多方合作来开发体检工具，以提高居民参与感和幸福感作为加强政府数据治理的重要目标。首先，多方合作利用人工智能或是交互技术充分实时地识别居民感受的动态变化，处理各种手段动态调整下的城市体检治理问题。其次，通过发布统一的开放式体检数据信息与意见平台，方便人们搜索、获取和利用网上数据，并能在统一的标准下进行反馈，确保居民在城市体检过程中交互信息的准确性和及时性。最后，要加强政府治理和监督，建立完善合理的城市体检解决评估机制。评估与计量是政府数据治理的有力支撑和后续保障，也能有效提高居民的参与度。

4.2.3　"最优目标"引领要素整合

总师模式下的城市更新行动具有明确且最优的目标引领整合更新要素，下文结合实践案例解析城市更新工作的整体谋划。

2018 年 11 月 5 日，长江三角洲区域一体化发展上升为国家战略。2019 年 10 月 25 日，国务院批复成立"长三角生态绿色一体化发展示范区"；11 月 1 日，"长三角生态绿色一体化发展示范区"正式揭牌成立。《长三角生态绿色一体化发展示范区总体方案》提出在上海市青浦区、江苏省苏州市吴江区、浙江省嘉兴市嘉善县"两区一县"成立长三角生态绿色一体化发展示范区，打造"生态优势转化新标杆""绿色创新发展新高地""一体化制度创新试验田""人与自然和谐宜居新典范"。2022 年是长三角生态绿色一体化发展示范区"三年大变样"的收官之年，嘉善示范区作为长三角生态绿色一体化发展示范区建设三周年工作现场会主场，厚望在身、重托在肩。嘉善示范区总师团队受嘉善县委、县政府嘱托，全面参与三周年展示内容的整体系统谋划、设计方案审查及工程品质管控，坚持"高水平规划与高品质实施"双管齐下，全力打造"一体化"与"高质量"发展的"嘉善样板"。

嘉善总师团队在历经 20 余天的深入调研、走访及座谈基础上，充分解读和分析国家赋予长三角一体化、赋予嘉善示范区的使命和任务，以打造最具嘉善辨识度的硬核建设成果为目标，牵头制定《长三角生态绿色一体化示范区（嘉善片区）行动规划》，紧扣"生态绿色低碳、高质量发展、一体化示范、城乡共同富裕"等关键词，凸显嘉善特色与亮点，提出"13820"行动方案，为嘉善示范区三周年建设工作做出科学谋划及上位指导。

"13820"行动方案即：1 个全域美丽"金色底板"，以金色稻田为底色，推进西塘、姚庄全域秀美建设，展现田沃粮丰、水清岸绿、粉墙黛瓦、林秀花繁、萤火映月的大美画卷；3 条集中展示的"魅力路线"——"通古达今"的水乡路线展现江南韵、现代风、未来范儿，"生态低碳"的环湖路线展现绿色低碳技术应用场景，"综合展示"的示范路线展现祥符荡理想人居特色风貌；8 个特色鲜明的"示范组团"，打造西塘良壤、国际服务、东汇生态、科创集智、浙大绿洲、水乡客厅、沉香富裕、双高产业 8 个组团，全面推进"三生空间"绿色、低碳、智慧、融合发展；20 大标志性建设"重点项目"，从生态环保、互联互通、产业创新、公共服务 4 个方面落实项目建设（图 4-10）。

2021 年 12 月，嘉善县委、县政府在示范区嘉善片区三周年动员大会上号召全县上下要以百倍热情、百倍斗志、百倍努力，要以"13820"行动方案为引领，决战决胜示范区三周年，奋战 300 天，举全县之力干出一片新天地，乘势而上谱写示范区高质量发展新篇章。为加快推进 20 大重点项目，示范区管委会牵头成立示范区三周年重大项目建设攻坚指挥部，下设"一办十组两团队"，分别为一个办公室，征迁推进组、要素保障组、项目审批组、规划设计组、项目建设组、产业招商组、数字化建设组、宣传报道组、纪律保障组、跟踪审计组十个组，及总师、律师两个团队。自此，总师团队依托指挥部平台，与各

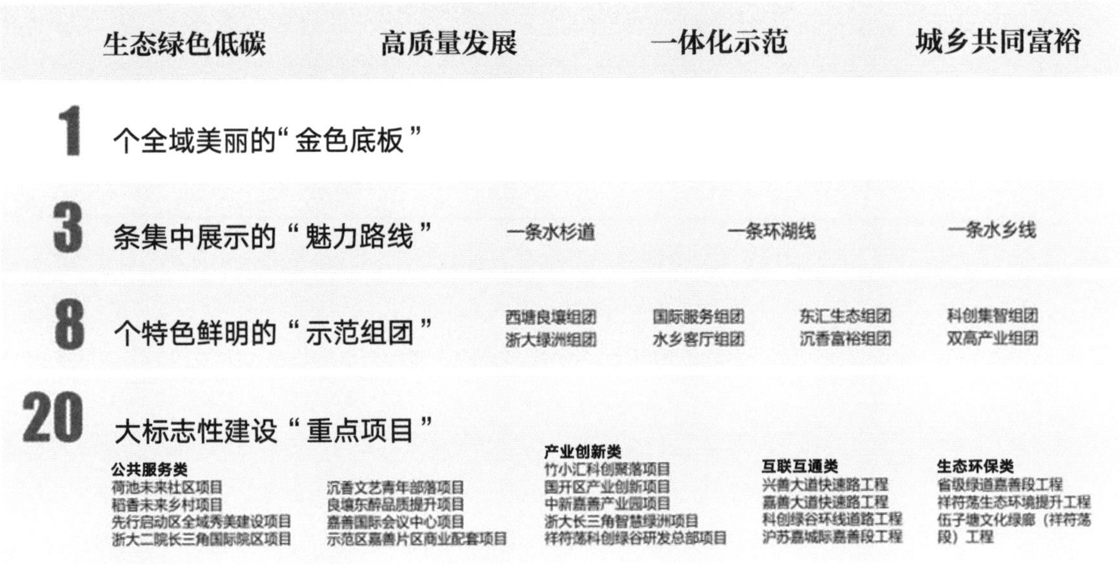

生态绿色低碳	高质量发展		一体化示范	城乡共同富裕
1 个全域美丽的"金色底板"				
3 条集中展示的"魅力路线"	一条水杉道		一条环湖线	一条水乡线
8 个特色鲜明的"示范组团"	西塘良壤组团 浙大绿洲组团	国际服务组团 水乡客厅组团	东汇生态组团 沉香富裕组团	科创集智组团 双高产业组团
20 大标志性建设"重点项目"				

公共服务类		产业创新类	互联互通类	生态环保类
荷池未来社区项目	沉香文艺青年部落项目	竹小汇科创聚落项目	兴善大道快速路工程	省级绿道嘉善段工程
稻香未来乡村项目	良壤东醇品质提升项目	国开区产业创新项目	嘉善大道快速路工程	祥符荡生态环境提升工程
先行启动区全域秀美建设项目	嘉善国际会议中心项目	中新嘉善产业园项目	科创绿谷环线道路工程	伍子塘文化绿廊（祥符荡
浙大二院长三角国际院区项目	示范区嘉善片区商业配套项目	浙大长三角智慧绿洲项目	沪苏嘉城际嘉善段工程	段）工程
		祥符荡科创绿谷研发总部项目		

条线、各部门联合集中办公，行政管理与技术管理"双管齐下"，齐心合力、高效有序推进项目建设。

图 4-10　"13820"行动方案引领三周年工作整体性谋划

4.3　城市更新政策工具协同创新

4.3.1　城市更新的"责权利"

总师模式下城市更新主要关注的是实践活动开展的内部环境和外部环境两个方面。一方面，不同国家的社会、政治、经济、文化等制度共同组成了影响和制约城市更新实践开展的外部环境，从形成过程和元素特点上来看，这种外部环境具有很强的固定性，难以根据人的主观意志发生改变，因此表现出明显的客观性，但也有一定可以调整、改变或优化的空间。另一方面，关于内部环境，城市更新的具体目标、导向、规模、对象以及产权构成、改造方式、安置模式等都是有关工作部门需要重点关注和高质量解决的问题（图 4-11）。

协作式规划是"一个邀请相关利益方进入规划程序，共同体验、学习、变化和建立公共分享意义的过程"。规划过程中采用的主要方法为"AAA"法，即所有的参与方采用辩论（argumentation）、分析（analysis）与评定（assessment）的方式逐步达成共同目标。随着近年来我国城市经济及产业转型、发展路径及模式的转变，城市规划的主导思潮也发生了改变，以往强调技术理性与终极蓝图的规划思维已越来越难以适应新形势，而以"沟通"与"协作"

为载体，强调决策过程中各方主体"形成共识"的协作式规划则成为当今时代发展的规划新范式。协作式规划致力于为公共和私人利益相关者的讨论创造公平和包容的制度环境，经常被认为是与社会网络相关的最合适的规划理论之一，也是城市更新的重要理论依据。其主旨在于通过多元主体参与规划过程，清晰界定公共利益与私人产权边界，将规划从关注物质空间转为解决社会空间问题，实现城市规划的民主化、公平化和正义化，以达到促进城市和谐发展的目标。

城市更新存量规划与新建项目增量规划最大的区别在于存在多元权利主体，涉及复杂的权益关系。在综合性项目开发中，以政府为主导的模式可以避免更新工作小型化、碎片化，得益于政府政策的引导和在实施中的协调，能更好地保障公益项目落地，同时引导市场有序参与，使片区开发更有活力。在改造过程中，政府需对整个项目的文化传承、公共空间、公服配套等优先级进行评估，在此基础上通过征收、旧改原空间等方式，提供可供经营的空间，由市场参与活化业态，进行自主更新。在综合性的改造项目中，由于项目性质不同，在政府统一规划下，将项目进行分解、分类，识别出参与主体，并明确不同主体的参与阶段，按主体和改造阶段制定实施路径，建立有效的沟通平台使项目有序推进（图 4-12）。

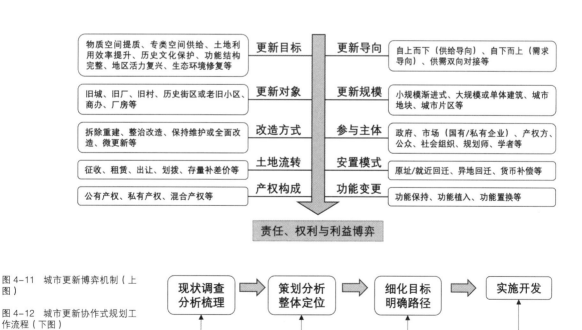

图 4-11　城市更新博弈机制（上图）

图 4-12　城市更新协作式规划工作流程（下图）

4.3.2 "技术理性"与"程序理性"

1. 技术理性

技术研究是城市总规划师开展技术管理的基础，主要形式为基于本底规划的系统性问题识别、工作部署、任务拆解及项目谋划，为提供行政决策建议、技术咨询意见、技术评审意见等提供依据，在宏观、中观、微观层面均有所涉及。宏观层面，对国土空间规划、总体城市设计等进行前期研究，研究过程中需体现全局性谋划和战略性布局思想，结合对城市发展过程中突出问题和短板的梳理，抓民生、促保障，提出宏观层面城市更新的主要方向、重点片区及实施路径，精准梳理"年度更新项目库"及"近期建设项目库"，明确城市更新工作重点及项目安排，为下一层级的规划编制、规划评审提供重要判断依据。中观层面，针对城市更新重点片区，以总体规划为依据，以详细城市设计为手段，针对公共服务设施、道路交通设施、市政基础设施、公共绿地设施等存在的短板问题，从用地性质、建设规模、功能业态、设施落位、风貌形态等方面对片区更新进行整体统筹，提出具体管控要求，结合"一控规三导则"成为自上而下技术指导和自下而上实施反馈的枢纽。微观层面，通过对街区、地块、项目等的历史沿革、建设基础、难点难题等要素的分析研究，以城市设计指引作为土地出让的前置研究，明确地块及项目设计具体管控要求，在风貌特色上与片区及城市整体统筹协调。

技术咨询是扩大规划引领效能的有效手段，是城市总师团队市场化竞争所衍生的重要组成部分，具体形式可以包括方案征集组织、咨询报告提报、项目选址论证、技术业务培训等。城市总师的服务对象不仅是政府，还有社会和民众。针对不同服务对象的目标与需求，团队运用专业技术进行各类型更新项目的本底研究，提出项目规划与设计的关键问题，作为编制征集任务书、撰写咨询报告、提出选址意见的重要依据，进而提高规划治理的科学性。

技术评审是各级政府行政管理的前置条件，是体现城市总师技术水平与服务能力的关键，主要是对各类型更新项目的规划目标、规划价值、规划方案、创新性等方面进行技术评审。城市总师团队的本底研究是进行技术评审的重要依据，本底规划提出的规划设计要点是否落实、项目规划设计方案是否化解了矛盾冲突、项目的创新性与前瞻性等是技术评审的重要内容，技术评审结果是项目能否进入行政管理流程的重要依据。

技术总控是规划高质量实施的重要支撑，也是城市总师团队重点工作内容之一。结合城市总师的行政职权与专业技术，受政府部门或开发商委托，组织各类型更新项目所涉及的业主单位、设计单位、策划单位等多方主体进行讨论、研究、评审、决策等，并依据本底规划总体把控项目规划、设计与建设过程，保障城市更新项目高质量落地实施。

技术审查是城市总师行政管理的重要抓手，是保证规划科学性和规范性的关键环节，也是推进项目高效实施的重要环节，重点包括对规划内容、规划成果、设计导则、规范条例等的技术审查。城市总师作为规委会的成员，对规划技术审查起到重要作用。另外，国土空间体系的法律法规与技术标准体系是城市总师进行技术审查的重要依据；城市总师团队有责任为法律法规与技术标准的制定提供专业意见，为编制高质量空间规划、实施高水平空间治理、打造高品质生活提供依据。

2. 程序理性

城市更新涉及多元主体和各类要素，但各方利益站位、资源禀赋、价值取向存在差异。政府的核心诉求是通过多元决策机制，不断提升人民群众的获得感、幸福感和安全感；不同的市场主体则通过竞争与合作，参与项目落地与开发运营，争夺空间价值增值，并通过信息反馈渠道，向各级政府反馈市场信息；社会公众通过争夺生产 / 消费剩余，提升城市人居环境与生活质量。此外，金融、规划设计、媒体信息等第三方机构通过提供、加工、传递信息与商业推广，与政府、市场等其他主体形成监督、反馈的利益表达与政策参与机制。总师模式下多元主体通过相互作用、相互竞合，贡献资源并参与价值分配，共同凝结成一个有机的统一整体。基于多元主体的利益诉求和价值取向路径差异，需要在整体性治理的理念下，构建城市更新的多元主体协同参与机制。一是优化多元主体参与结构，对城市更新的不同领域进行细化分类，对涉及基本民生和具备天然垄断属性的领域，发挥政府主导作用；对完全市场化的领域，积极探索在政府指导下的社会多元力量参与协同的主体结构渠道。二是创新多元主体参与协同手段。在多元主体参与协同中，通过各种市场手段，推进城市更新过程中空间上的片区统筹和专业上的跨领域协同治理机制。三是提高多元主体参与的协同效能。从整体性治理的视角处理好政府与市场、社会参与主体的关系，实现主体参与平等、积极互动、协同高效的多元主体参与协同关系。四是完善多元主体参与协同制度建设。重点是制定多元主体参与协同的法律体系，

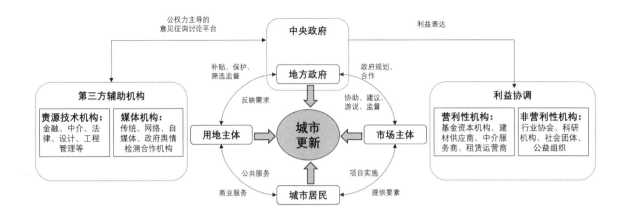

图 4-13　整体性治理下城市更新的"协同参与机制"

从范围、程序、激励机制以及权利和义务模式构建符合城市更新要求的多元主体参与协同机制（图 4-13）。

4.3.3　从"善制"到"善治"

城市更新（urban regeneration）是一项集体行动，体现了城市的公共政策。过去对于城市发展与决策的研究，往往将地方政府作为主要对象进行分析和评价，但是随着我国市场经济的逐渐深入和市民社会的发展完善，政府一元主导的局面逐渐改变，市场力量和社会力量日益增强。在总师模式下的城市更新实践中，单一依靠行政力量独立决策的传统模式被更加丰富和多样化的治理模式所取代。

1. 城市更新治理模式的理论框架

城市更新应实现经济发展、社会公平、环境改善的综合目标，同时兼顾各相关群体的利益，这就需要结合项目所处的经济与社会环境，建立与之相匹配的治理模式。中国城市更新早期主要是借鉴西方经验，但由于社会制度、经济发展水平、民生环境、城镇化发展阶段以及目标差异，西方城市更新的规划设计方法、资源筹集模式、运行机制、调控工具等并不完全适用于中国。整体性治理是对采用绩效、分权等治理方式的新公共管理理念的一种修正，是以政府内部机构和部门的整体性运作为出发点的，其背景是基于信息时代的来临。"以人民为中心"的城市更新从整体性治理视角出发，在理论架构上包括如下三个层次：一是支持城市更新系统运行的资源要素得以发挥市场的主导作用进行高效获取、调配和有效配置；二是城市更新的系统运行机制能够相互衔接、配合

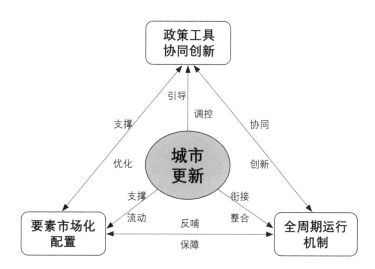

图 4-14　城市更新整体性治理逻辑框架

与整合，构成城市更新的全周期生命线；三是城市更新的系统政策工具需要精准设计与运用。这一整体性治理的理论框架是新时代"以人民为中心"、多元主体协同参与城市更新的重要创新视角和基础逻辑，为总师模式下的城市更新实践提供重要依据（图 4-14）。

2. 城市更新治理模式的适宜途径

在实践中，城市更新治理往往同时涉及几种基本模式，并且随着社会需求、政治力量及更新社区具体环境的不同而不断调整。

首先，不完善的市场不应该是政府直接介入城市更新项目的直接原因，政府在城市更新中的角色需要重新定位，由"直接参与"转为"秩序保证"。市级政府重点要通过法规手段保证参与规则的公平合理，在项目确定、更新范围划定和政府资金支持上采用更加公开、透明和双向竞争模式，规范开发商及多方主体行为，并使其对城市更新具有较为明确、稳定的预期。

其次，进一步拓展更新政策目标，充分考虑外来人口的住房权益，并通过法规、导则等形式形成具有约束力的法律文件。城市更新不仅应考虑被改造区域，同时还要考虑其对周边以及城市整体的影响，将外来人口住房需求纳入城市更新政策目标。

最后，完善政策实施工具，规范各方主体行为。政策目标的实现需要依靠科学合理的程序予以保障。例如，可以通过开发权转移的方式解决公共设施成本负担不均的问题；通过设定城市更新单元标准，允许多元参与者自主申请更新的方式形成多方竞争而非单方垄断的局面；通过设定区域的保障住房贡献率，解决公共住房供给不足的问题等。

4.4   城市更新模式"全周期"运行

4.4.1   "全周期管理"模式

1. "全周期管理"模式的理论指引

全周期，普遍意义来看，是指全生命周期。因此，全周期管理也被称为"全生命周期管理"，这一理念最早来源于产品全周期管理，是发轫于西方工业社会向后工业社会转型时期的一种新型管理理念和管理模式。它以系统论、控制论、信息科学、协同学和自组织理论为理论基础，强调对管理对象的生命过程进行全过程、全方位、全要素的整合，使其运作系统和管理质量不断完善和优化，适应和引领日益激烈的竞争环境。

全周期管理优势特点包括：①细化流程，精准施策。作为主体利益多元、现有环境复杂的建设活动，城市更新处于利益、资源、主体多方关系的动态组合之中。依据全周期管理理念，按照更新建设的不同阶段进行全流程分析，细化到若干流程，根据不同环节采取相应的策略，精准施策，形成完整闭环。②分层管理，层层递进。全周期管理作为闭环体系，要求整个过程必须依托城市更新难题和发展需求，厘清多元利益主体间的互动逻辑以及社会文化关系构成，分层管理，既有顶层的宏观设计，也有中观的承接缓冲，还有微观的实施执行。③跨域合作，多元协调。城市作为复杂系统，许多看似是"一己之事"的公共活动，也极可能对周边区域甚至更大范围内经济社会的发展产生影响。

总师模式下的城市更新强调"全周期管理"理念，主张系统各要素之间具备高度的协同性，随着事态变化和发展，各部门通过信息交流和有效沟通，必须打破原有整体切割下的各自为政，构建跨域合作和多元协调的更新机制。

2. "全周期管理"模式的实践探索

全周期管理是基层治理现代化建设提出的创新型重要理念，核心是系统管理。总师模式下将全周期管理运用于城市更新中，实现共建共治共享的城市更新，是城市更新路径的重要实践探索。

首先，城市更新涉及用地类型多样，比如对于废弃工业需要考虑是否拆除厂房，大面积的工厂如何实现功能置换；而对于老旧小区则应将关注点放在安装电梯、改善停车等细节问题上。整个城市的更新规划是多面、各异的，正如生命体的各个部位的机能、职责、问题各异，需要系统性较强的理论指导城市更新。

其次，城市更新涉及的人群多样，人群需求多样化，实施难度大。老年人对电梯、无障碍设施、休息设施、友好生态环境的需求更高，儿童对健康环境、游乐设施的需求更高，青年对现代化购物场所、网红打卡地、个性化环境、智慧服务等需求更高。以上人群都是城市的有机组成，因此需要现代化的治理能力来保障城市更新，满足不同人群对美好生活的需求。

最后，城市更新地块在空间上往往布局分散，因此空间系统性差，实施效率面临考验。且任何一个地块的改变都会牵一发而动全身，从整个城市的角度来看，各个更新地块空间分散却保持内在联系，任何局部的改变都将对城市形象、功能产生蝴蝶效应，因此各个地块的更新要基于城市整体来考虑。这也需要将城市的历史、现在、未来通盘考虑，还要兼顾城市更新的启动、实施、效应评估等完整环节的有机运转，因此城市更新引入全周期管理理念十分必要。

4.4.2　"共谋、共建、共管、共享"格局

全周期管理理念以满足公众利益，实现全体对美好生活的向往为目标，呼吁社会组织和群众个体参与社会治理，作为社会治理的重要评判者和最终受益者，从而建立多元共治体系。治理视角下的城市更新研究更强调"社会—空间"的辩证视角。新型城市更新治理模式要求在制度保障下，社会各利益相关方合作，使城市更新成为一种汇聚社会集体力量，进行空间重塑规划方案探寻的方式，从而实现社会和空间的协调与共识。

党的十九届四中全会提出"全面实现国家治理体系和治理能力现代化"的目标，并提出了建立健全城市现代化治理体系。随着城市现代化进程的加快，"治理"逐渐成为重要议题，与以往的"城市管理"不同，"城市治理"更强调城

市各利益攸关方，不论其处于社会的哪个阶层，都能相互合作形成"共治共管共赢"的多元格局。同时城市更新与城市治理也开始共同走上舞台，城市更新与城市治理都是解决城市病、塑造美好城市生活、提升城市品质的重要途径，城市更新地段往往是老旧城区、城中村等老旧破败地段，而这些地段通常具有个体利益和社会责任复杂的特点，因此也是城市治理所持续关注的对象。将全周期管理运用于城市更新中，实现共谋共建共管共享的城市更新，是城市更新路径的重要探索。

　　城市更新的治理不只是简单的技术问题，包括技术决策体系、多元主体参与的决策过程、协调与合作的实施机制、以人为本的决策思想，强调过程协调而非结果控制，是持续的、互动的有机更新活动。城市发展的主体是"人"，随着经济社会发展水平的提升，人的需求层次也随之升级，品质规划"美好生活"成为主流，国土空间规划体系也在强调"文明优先""生态优先""高水平治理"，所有理念都顺应了人的美好需求。"品质"相较于"质量"，多了一个"品"字，即增加了人的维度，更符合城市社会发展从"以物为本"走向"以人为本"的时代价值观转变。城市更新活动也更加强调对"人"的关注。以往在我国的城镇化进程中，对物质空间的建设处于主体地位，人的需求很多时候处于弱势地位，缺乏保障。在总师模式下从人本主义的视角来评判城市更新的价值，不仅包括空间建设、设施改善，而且表现为关注大众情感需求、满足人民美好生活的愿望，引导社会关系的重塑，形成"共谋、共建、共管、共享"格局。

第 5 章

总师模式下的城市更新实践

总师模式在我国城市更新实践中得到广泛推广，并在城市更新治理体系建设、规划实施及统筹把控等方面提供了全新的实施治理手段。本章分别以"海河乐章"天津、"百年蝶变"嘉兴、"双示范"嘉善为例，从超大城市、中等城市及县域三个尺度层级解读总师模式在城市更新实践中的战略统筹、空间统筹及项目统筹机制，为总师模式下的城市更新实践提供战略引领与实施引导。

5.1　超大城市更新实践——"海河乐章"天津

5.1.1　整体性编制体系"三层级"

天津市以总师模式的统筹思维为指引，将城市设计与城市规划同构并举，并在"本底研究"工作思路下，基于"总体城市设计—重点地区城市设计"的编制框架，对应法定规划，形成"总体城市设计""详细城市设计""专项城市设计"三个层级（图5-1）。

1. 总体城市设计

通过对天津市中心城区及分区整体空间特色的深入研究，统筹整体空间格局，建立总体空间骨架，从整体宏观角度对城市特色和自然格局进行预先控制和约束，提出大尺度开放空间导控要求，明确全域全要素特色。在分析天津历史发展沿革、自然环境本底、城市空间布局特征优势与存在问题基础上，对标国内外先进城市，对城市结构、空间形态风貌特色进行优化和细化。从

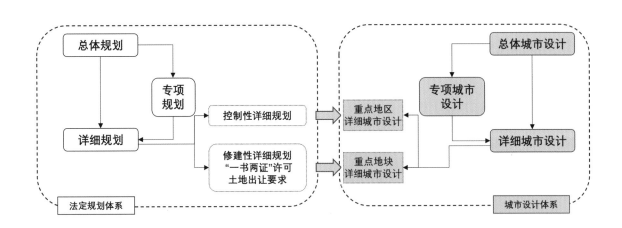

图 5-1　整体性技术编制框架

历史名城的活力营造、以轨道交通为导向的轴向发展、城绿融合的公园城市、优质教育医疗设施的布局优化、老旧小区更新与新型居住社区的高品质生活营造等方面提出未来天津城市的发展方向指引和策略引导，塑造更靓丽的中央活力区、更生态宜居的"一环十一园"地区和更美好的城市近郊区，推动天津高质量发展。

2. 详细城市设计

通过详细城市设计厘清天津市重点地区设计编制逻辑，编制"重点地区详细城市设计"以对应控规环节，编制"重点地块详细城市设计"以对应实施环节。在落实天津总体城市设计相关要求的基础上，进一步统筹优化片区功能布局和空间结构，明确景观风貌、公共空间和建筑形态等方面的设计要求，营造健康、舒适、便利的人居环境。通过精细化设计手段对具有特殊重要属性的功能片区、对城市结构框架有重要影响作用的区域、城市重要开敞空间、城市重要历史文化区域等城市片区进行设计提升，结合不同片区功能提出建筑体量、界面、风格、色彩、第五立面、天际线等要素的设计原则，塑造凸显地域特色的城市风貌；从人的体验和需求出发，深化研究各类公共空间的规模尺度与空间形态，营造以人为本、充满魅力的景观环境，打造更高品质的城市地区。

3. 专项城市设计

通过"专项城市设计"对天津市城市天际线、地下空间、生态保护、历史遗产保护、城市色彩等问题进行单一要素的深入研究，落实专项规划要求。在城市设计与城市规划对应编制的基础上形成二者互动校核，持续研究、优化编制过程，有效应对城市发展的动态变化需求，具体包括：在选址、选线过程中兼顾便利与造价等工程因素，融合自然、人文保护及美学要求；在设施建设中应有相关设计指引，在满足设施基本功能要求的基础上，充分考虑美观、隐蔽并结合自然；在近人尺度的设施建设中也应兼顾考虑人的活动行为等。

5.1.2 整体性规划管控制度与方法

天津市依托总师模式规划治理的整体性方法，通过专业与技术整合，在规划管控方面开展整体性管理实践，于宏观、中观及微观制度与方法上实施精细化管控与整体性引导，并取得了良好的实践效果。

1. 宏观制度与方法

对于城市风貌特色等重点内容，应以立法形式进行锚定。天津通过立法，对城市资源保护、风貌特色要求、制度方法等进行约束，形成保障城市建设工作的宏观制度体系。《天津市空间发展战略规划条例》提出实施天津市空间发展战略规划，应当发挥规划设计导则的作用，加强对建筑和景观的管理，体现大气洋气、清新亮丽、中西合璧、古今交融的城市特色和风格。《天津市城乡规划条例》提出市人民政府确定的重点地区、重点项目，由市城乡规划主管部门按照城乡规划和相关规定组织编制城市设计，制定城市设计导则；市人民政府确定的重点地区及重点项目以外的其他地区，由区城乡规划主管部门组织编制城市设计，制定城市设计导则。

2. 中观制度与方法

首先，"控规"是中观层面规划管理的关键，"控规"是规划的法定化文件，也是"设计"实施的依据。城市设计和土地管理制度与"控规"对应编制，可以实现"行政程序的法定化"，而非"设计内容的法定化"，是实现规划"刚性"与设计"弹性"的保障。天津市实施"一控规两导则"，针对控规二维"规划指标管理"难以适应城市发展需要的问题，创新性地将城市设计转化为"土地细分导则"和"城市设计导则"，依据"总量控制，分层编制，分级审批，动态维护"的总体思路，形成"一控规两导则"的特色管理机制（图5-2）。

其次，相关单位制定城市设计编制规程时以城市设计导则作为控规管理的重要辅助手段，在进行建设指标控制的同时强化对城市风貌、建筑特色、环境景观、公共空间等城市空间环境的控制和引导，如编制《天津市中心城区城市

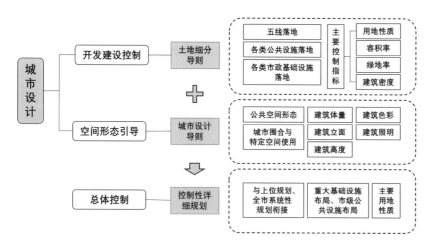

图5-2　"一控规两导则"制度与方法

设计编制规程》《天津市中心城区城市设计导则编制规程》等。

最后，规划设计编制与社会管理体系融合。控规"单元"与城市行政管理单位——"街道办事处"辖区范围对应，在单元层面落实市政设施和公共配套布局，形成规划技术与社会管理的对接。通过规划设计研究，落实社区中心空间布局与公共配套指标内容，营造宜居邻里空间。

3. 微观制度与方法

"城市设计指引"与法定"规划条件"的有效结合，形成行政制度引导，保障规划设计整体性实施。编制前期"城市设计指引"先编制地块城市设计方案，由政府牵头，在土地出让前进行城市设计研究，参与研究的不仅有城市建设专项的相关专家团队，而且有市场策划专家和有意向拿地的企业代表，通过专业评估，在以公共利益为主导的前提下，充分平衡市场需要。

针对城市建设管理重点工作制定切实有效的风貌管控方法、建筑风貌管控方法、城市空间管控方法、城市容量管控方法。天津市提出"标志性建筑"与"背景性建筑"的分类管控方法：针对重点地区的"标志性建筑"，采用国际方案征集、专家评审、政府决策等方式确定建筑方案；针对"背景性建筑"采用导则化管理。制定城市设计及城市设计导则编制规程，以城市设计导则作为控规管理的重要辅助手段，在进行建设指标控制的同时强化对城市风貌、建筑特色、环境景观、公共空间等城市空间环境的控制和引导。

5.1.3　整体性建设实施"五领域"

天津市依托总师模式的建设实施整体性方法，在横向上发挥统筹与引领作用，统筹协调建筑、景观、交通、地下空间、生态等专项设计；在纵向上贯穿项目各阶段，从设计、建设，直至交付使用，全过程跟进，保证项目按规划实施。重点针对"滨水地区开发改造""历史街区有机更新""市容环境综合整治""公共中心特色塑造"及"重点地区更新营造"5 个领域持续推进城市设计实践，充分发挥城市设计在规划建设中的引领作用（图 5-3）。

1. 滨水地区开发改造

2008—2018 年，天津市城市规划主管部门在整体性城市更新理念的指导下，先后制定了一系列城市更新规划与再开发计划。这些城市更新实践涵盖了

城市重要廊道、历史文化遗产、公共服务设施、城市开放空间、城市居住空间及生态绿色导向 6 个方面。经过十余年的不懈努力，在规划管理者、业主方、设计单位、施工企业等多方主体的协同作用下，形成了一大批高品质的城市新片区和历史风貌区。基于整体性城市更新理念，结合系统性理论和方法，在规划理念和方法上不断创新。系统性地整合了城市存量土地和再开发建设用地，协调了保护与发展的关系，形成了一套有特色的规划管理机制，提升了对超大城市规划管理的水平和治理能力。

图 5-3　天津整体性城市设计

　　整体性城市更新的理念源于规划管理者组织多方利益主体共同参与的"协同设计"的概念。在城市更新的目标下，"协同设计"可以凝聚各方利益主体成员，集结各自不同意见，经过事前磋商，形成统一"作战"的力量，以推动城市更新工作的顺利开展，确保各更新项目的实施。

　　伴随着规划建设与城市更新工作的开展，整体性城市更新的理念逐渐完善。一方面，其能够着眼于整体性的引导并统筹城市空间形态与秩序，从顶层设计来谋划城市未来空间发展；另一方面，其可以对规划进行持续的关注并使之落实到细微之处，从而全面提升城市空间品质。天津的城市更新既关注宏观尺度的规划发展，也关注微观层面的人本建设。宏观尺度上对城市空间进行整体性、系统性的布局，着眼于从全局谋划城市整体的空间发展格局。微观层面关注城市品质建设和以人为本的空间使用，聚焦于细微之处的城市文化感知和人性化品质提升。

　　海河是天津的母亲河，也是天津城市发展的空间主轴线（图 5-4）。改革

西站副中心　　　　　小白楼城市中心　　　　　天钢柳林副中心　　　　海河中游　　　　　于家堡城市中心

图 5-4　沿海河空间主轴线

开放之后，天津迎来了规划建设高速发展的机会，而中心城区，特别是海河及其周边地区基础设施陈旧、城市面貌破败等问题得到了城市规划管理者的特别关注。天津市规划管理部门组织各方力量重新梳理城市空间结构，特别是对海河及其周边地区，统一组织和指导城市规划编制，整体统筹相关的城市更新实践。2009 年 6 月天津颁布的城市空间发展战略规划中提出了"一主两副"的概念，即以小白楼为城市的主中心、以西站和天钢柳林地区作为两个副中心，体现了历史上"海河 + 运河"一脉相承的发展模式，之后随着项目的进展和天津市规划的进一步发展，于家堡也逐渐发展为以现代金融为主的城市中心。

顶层设计从城市总体空间结构入手，整体性构建了未来城市的空间发展格局，谋划了以海河作为城市最重要的发展轴的"海河乐章"系列更新行动，制定了将其打造成为"世界名河"、对标国际的城市更新目标，启动了海河两岸综合开发改造工程，积极推动城市环境整治与城市产业提升。此次更新范围包括海河上游地区城市更新、海河中游地区城市更新、海河下游地区城市更新。海河上游位于中心城区内，主要以"天津西站地区"和"六纬路地区"的城市更新为核心；海河下游位于滨海新区核心区内，主要以"海河后五公里""于家堡响螺湾地区"的更新为主；上游和下游之间的中间地带即海河中游地区，中游地区占地面积约 100 平方公里，现状用地大部分为农田和空地。

"海河乐章"系列更新行动为天津新一轮城市重大空间结构调整和优化提供了契机，也赋予了海河作为城市经济、文化及空间发展重要廊道的更新价值。随着海河堤岸景观工程部分竣工和沿线一系列城市节点实施完成，海河对于城市经济与旅游产业的拉动作用初见成效，也更加坚定了城市管理者对于加快更新和发展海河两岸的信心与决心。城市更新实践有效衔接了中心城区总规修编和控规深化，同时明确了城市立体化的三维空间控制引导思路，进一步优化了城市格局，完善了城市形态，保护了生态环境，引导了城市风貌特色的进一步强化。

在海河上游三岔河口，"海河乐章"缓缓拉开了序幕。这里的西站地区、六纬路地区有一个共同的特点，即它们都是位于中心城区的稀缺土地资源之上。因此，传统模式下的单一土地利用形式不再适用。城市更新工作提出了综合高度复合城市功能的更新方法，打破土地再开发和功能再利用的限制。

西站地区的更新开发模式是将其打造成为功能复合的城市综合体，这种开发模式能够在各功能部分间建立一种相互依存的关系，使得不同活动在同一地区、同一地块甚至同一建筑中复合，这样可以有效利用不同活动之间的诱发联动关系，提高活动效率；同时，通过功能的组合也可以实现时间的复合，也就是将不同时段活跃的城市功能组合在一起，在时间上进行衔接，使那些在非工作时间沉寂的中心地区重新获得活力，尤其是在夜晚也能成为颇具人气的城市活力中心。在天津西站区域的发展中，于不同地段考虑多个大型城市综合体，不同综合体的功能各有侧重，比如枢纽商业综合体依托综合交通枢纽，针对枢纽客流特点，配套相应的服务功能；核心商务综合体则承接综合交通枢纽辐射，集约发展中高密度的商业金融、商务办公等现代服务业；休闲商务综合体凭借生态景观资源，发展商业休闲、文化娱乐、商住公寓等中心区服务功能，作为副中心地区的功能补充。

为了提高土地利用率，六纬路地区在更新规划中定位为"复合型、可持续的城市中心区"，形成以金融、商务、酒店为主导，商业、文化、娱乐以及居住功能为补充的综合多元复合的城市功能，打造以城市近现代工业文化为特色的综合发展区。按照"一带三区"的总体布局，规划将六纬路地区划分为中央商务区、文化娱乐区、综合功能区3个相互独立的区域，并以海河进行串联，共同塑造海河东岸崭新的城市形象。结合这一定位，规划从功能、交通、景观和历史保护4个方面提出详细的规划策略。

采取街区功能混合方式是六纬路城市更新的又一大亮点。街区功能混合方式影响着建成环境的活力水平。传统城市将办公、居住功能置于商业功能之上，不仅提升了生活的便利性，而且有利于创造出适于步行和富有活力的居住与生活环境。这种理想的布局方式也给更新规划带来了重要的启发。从混合功能理念实现的方式上，规划采取了两种不同方式：一是水平方向的功能混合，通过加强土地使用的兼容性，创造丰富多样的街道层面的活动，促进有活力的空间环境生成；二是垂直方向的功能混合，通过建筑垂直交通加强底层商业功能与上部的居住和办公功能的联系，使人在建筑内部就能满足日常的购物需求，提升出行效率，也增加生活的便利性和舒适度。

1）展示城市形象的特色风貌更新

城市更新赋予西站地区展示城市门户形象的风貌定位。西站地区作为新的城市门户，将形成恢宏的城市形态，展现天津大气、洋气的城市形象。总体上呈现"中心高、周边低、中间过渡"的建筑高度分布特征，形成 4 个高层及超高层集聚区，其外围建筑的高度呈递减趋势。西站站房以"光辉"为主题，通过圆拱和放射状的百叶，寓意日出的光辉；站前广场同样设计为半圆形，与站房相呼应。结合上进下出的进出站模式，在下穿的快速路下设计自由通廊，使北部地下交通换乘空间与南部地下商业空间无缝对接。同时，通过下沉广场实现地上与地下空间的过渡，丰富站前景观。

滨水空间是城市中最具有景观特色的形象展示。六纬路地区毗邻海河，享有 3 公里长的珍贵滨水岸线，如何塑造和谐连续的滨水建筑界面是更新规划需要考虑的重点问题。城市更新方案结合不同区段开发强度和建筑特点，按照人视仰角 60°、45° 和 30° 三种方式提出沿河建筑群体的控制导则，保证了海河首排建筑整体低矮、向六纬路逐步提升的空间形态。这种体量逐步提升的策略不仅易于塑造和谐而又生动的城市天际线，而且为海河提供了丰富的滨水景观。规划建设易于识别的城市滨水天际线，强化地标建筑分布的逻辑性，主要高层建筑沿视觉走廊、地铁站点和公共中心进行布局，重点形成 5 组集中高层区。对地标建筑体量、风格、色彩、顶部进行引导和控制，塑造成为海河沿线天际线景观高潮和亮点。

2）富有韵律的城市天际线

城市天际线是指从远方第一眼看到的城市的外观形状，会给人留下一座城市的独特印象。美观的城市天际线可以为城市展开一个广阔的天际景观，是一个城市的"风光影画片"。富有韵律、高低错落的城市天际线是"海河乐章"的重要旋律。

城市天际线的塑造应是城市在动态发展中的静态展现，只有依据城市整体的风貌规划，着眼城市空间总体布局，优化土地配置，协调建筑形态，引导城市的健康发展，才能将城市的总体发展成果以天际线的形式展现出来。例如海河下游段于家堡作为环渤海地区的金融区中心，其天际线设计理念是要让城市的居住者能够直观感受到城市的人文特点、审美特点、标识特点和造型特点。

对城市天际线的塑造需要从城市总体层面进行整体性勾勒。例如海河上游段西站地区通过"三峰式"塑造天际线轮廓，包含一个最高点，两个次高点，营造"景深"的空间观感。西站地区降低了沿河建筑高度，在腹地设置高层建筑等造景手段，使天际轮廓线在呈现节奏变化的同时，更突出层次。于家堡地区的建筑高度由海河边向交通枢纽和中央大道逐渐升高，高铁站南侧为标志性建筑，形成全岛制高点。

在统一的形体原则指导下，海河沿线的城市天际线遵循美学的一般规律，但也不局限于单纯的平面构图。不同位置的建筑错落布置，拥有不同的景观视野，同时形成别具一格的城市天际线。于家堡合理规划建筑与自然的关系和城市的空间格局，例如在空间上将城市基地、建筑物、构筑物、自然风貌等进行有机综合；在时间上结合城市各个发展时期的建筑特色，不能被某一时期的建筑流行趋势所掌控，在保护原有特色建筑基础上建设布局新的建筑。

3）加强核心区域与海河沿岸的连接

海河作为天津城市空间的主要骨架，城市更新对海河沿岸的串点连线更新和再开发利用也为复兴和活化城市中心城区提供了良好契机。因此，应加强城市核心区域与海河沿岸各个地区的连接，使其成为一个完整系统，从整体层面完善和优化城市的功能、特色风貌以及城市竞争力。为此，在城市更新中通过中央景观绿廊、步行优先交通及网络化公共空间，系统性强化核心区域与海河沿岸的关系，加强两者的互通互动。

西站地区，在西沽公园和子牙河之间设计了宽度近百米、长度逾1公里的城市绿化廊道，将带状的城市景观绿廊引入地块中，将自然景观融入建筑群，为中心城区的居民提供沿海河漫步的绿色空间，同时也满足了高密度地区的防灾需求。

六纬路地区采取步行优先措施，在片区开发中，强化公交导向和步行优先的发展理念。重点依托地铁九号线和 4 个轨道站点，采用地铁上盖的物业模式，加强公交与地上物业的整合。规划建设覆盖广泛的地下通道，形成互联互通的地下步行系统。在慢行交通层面，引入"小街廓、密路网"的发展理念，在原有沿河工业地块中增加垂直于海河的城市支路，加强城市内部与海河滨水地区的步行联系。街区道路间距不超过 200 米，形成适宜步行的城市街区尺度。规划对新的街道与原有城市肌理进行整合，形成系统化的支路网系统，鼓励步行优先的同时有效分解主干路的交通压力。

此外，为了强化两岸滨水地区的功能聚集，建立了网络化的公共中心体系，促进城市中心功能不断拓展。海河沿岸连接了城市的主中心和副中心，汇集了高价值的城市职能，编织了高密度的路网与交通枢纽，塑造了具有"海河乐章"特色的城市空间形态，提供了感知自然环境的重要场所，满足了人民对城市高品质生活的需要。例如优化城市空间系统的使用效率；增强城市的自然感和时代延续感，为市民增添心理传承；增添建设亮点，激发时尚趣味，不破坏环境的整体感受；满足居民在日常生活中对于归属感、方便的邻里交往、便捷的出行等基本需求。

2. 历史街区有机更新

天津自明朝建卫距今已有 600 多年的历史，自古即为重要的漕运口岸，是商贾云集之地。近代以来，天津海河两岸租界林立，老城与新区并肩发展，形成具有时代价值的文化名城。新中国成立后，原租界区域内的建筑得以保留并得到更新利用，如位于原租界内的天津第一工人文化宫，为当时的文化事业培养了大批优秀人才。经过数百年的时间沉淀，历史文化街区成为中国近代史的烙印，也见证了天津这座城市的蓬勃发展。

天津五大道历史文化街区可以说是天津现状保存最完整、规模最大的历史文化街区。五大道作为国家重点文物保护单位，同时也是近代天津的代名词，具有极其重要的历史文化价值。它曾是 20 世纪初天津英国租界内建设质量最好的高级住宅区，也是英国的花园城市理论在中国的规划实践。街区整体的规划布局以略显弯曲的方格路网为主，四周围绕着错落有致的建筑邻里空间、风格细腻的建筑、特色鲜明的公共空间以及合理方便的公共设施。五大道由马场道、睦南道、大理道、常德道及重庆道 5 条道路组成，故由此得名。可以说，五大道历史文化街区就像是天津城市的历史博物馆，它代表了历史上英国租界在天津的建设实践，保留了一部分殖民建筑风貌的遗存，反映了租界时期最富品质的住宅风格和人性化的街区格局。

1）整体统筹的文化街区更新思路

伊塔洛·卡尔维诺曾说过，"城市是记忆的整体"。而城市更新的核心就是最大限度地保留好城市的整体记忆，保护和更新承载记忆的城市载体，例如城市的街道、建筑、文化甚至是空气。从整体层面来看，五大道街区更新存在三个方面的现状问题，一是对街区的历史文化特征缺乏多角度的深入研究；二是部分更新建筑和环境品质亟待提高；三是规划管理手段落后，缺乏精细化管理的有效措施。为了最大限度地还原街区格局、重塑街区肌理、复兴街区文化，城市更新工作制定了整体统筹更新的规划思路，采取了"研究—设计—管理"整体统筹的规划方式，通过历史文化梳理、空间肌理研究、街区导则设计、三维立体化管理等规划手段，从整体层面入手，统筹更新了五大道的历史文化街区。

2）重构城市结构和空间肌理

英租界时期五大道的规划建设，一方面反映了英国田园城市的规划理想，另一方面体现了中国传统式街坊民居的特点，因此城市更新的重要价值是充分彰显这一区域与时代在空间上的对话。为此，城市更新工作在大量深入翔实的现状调研基础上，对街区内的建筑类型、街廓肌理、街道与街巷格局等方面进行更新。结合城市形态学和建筑类型学的方法，分析历史街区空间特色，营造五大道独特生活品质的空间格局。

重构的思想并不是表面化的怀旧，而是新视角下的重构关系拓展。重构是通过城市结构和空间肌理的互动关系实现的。从城市结构来看，五大道是由大大小小的街坊空间和道路组成的街巷里弄构成的。其中，街坊空间有 56 个，道路有 21 条（图 5-5）。城市更新主要是对街坊空间的街廓尺度、图底关系、空间私密性等进行结构与脉络梳理，分析不同发展时期城市形态变化的轨迹及成因，并选取近年新建的典型项目进行剖析。例如研究发现，五大道历史上创造积极空间的方法是运用低平的建筑群形成较密集的形态，借用建筑或围墙围合出私人或公共活动的空间。而一些地震后新建的建筑则忽视了这一原则，导致出现了难以使用的消极空间。

五大道街区内部道路功能和结构保留完好，总共有 21 条道路。城市更新规划主要针对街道与街巷形成的里弄式的临街建筑类型与功能、街道限定元素、交通组织等进行分析（表 5-1），明确每条街巷的个性特征和使用功能，以引导未来的保护与更新项目，不仅能够提升街道的环境品质，而且能兼顾其本真的历史价值。

　　通过对街区内部空间秩序的深入分析，找到城市形态与社区生活的关系，挖掘城市形态下隐含的、特定的社会关系结构，使保护规划在强化空间特色的同时，反映真实的生活需求。例如里弄式住宅以底层院落和建筑之间的窄小通道作为内部活动的安全地带，在未来街区更新中巩固这种规律并挖掘所在地块的独特个性，使新的建设符合历史风貌的同时，也更贴近使用者的需求。

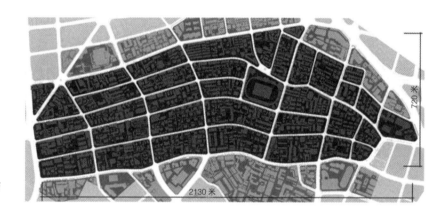

图 5-5　五大道街廓肌理的结构与脉络梳理

街道空间的功能与结构的重构　　　　　　　　　　　　　　　　　表 5-1

编号	名称	道路各项技术指标		编号	名称	道路各项技术指标	
1	南京路	路面宽（米）	32	4	成都道	路面宽（米）	8~14
		道路红线宽（米）	50			道路红线宽（米）	20
		物理边界（米）	60~80			物理边界（米）	20~30
2	西康路	路面宽（米）	24	5	桂林路	路面宽（米）	7~9
		道路红线宽（米）	30			道路红线宽（米）	12
		物理边界（米）	25~35			物理边界（米）	12~16
3	贵州路	路面宽（米）	14	6	昆明路	路面宽（米）	7~9
		道路红线宽（米）	20			道路红线宽（米）	12~14
		物理边界（米）	20~30			物理边界（米）	12~16

3）重塑历史建筑城市风貌

五大道历史文化街区更新面临的另一个问题，是如何处理街区内各个建筑风格的多样性。建筑风格的多样性，赋予了城市独特的风貌特质，但同时也使城市呈现出支离破碎的视角感受。为了确保区域内建筑风貌的整体性，城市更新首先将历史文化街区内所有建筑风貌进行整体性重塑，识别出具有不同代表风格的原型类建筑和开发类建筑，并赋予其时代归属价值和更新意义。根据建筑所属时代代表性的不同划分不同的街区片段，并对每个街区片段中的建筑密度、开发强度、产权密度与归属、开放空间私密程度等进行分析，梳理出历史变迁中建筑实体及其空间形式与其所处时代背景间的规律（图5-6）。

图5-6　五大道鸟瞰

根据时代价值属性，将各个时期街区片段分成典型开发地块和原始建筑地块；又按照建筑类型学将其分为门院式、里弄式和院落式三种建筑类型，总体提炼了建筑空间组合的内在逻辑，并使之成为指导整个街区建筑风貌更新的基本依据。这种城市更新方法保持了文化与传统的连续性，也提供了创新和变化的可能（表5-2）。例如，在规划控制中突出建筑类型本身的特质，根据环境恰当选型。

4）保护与更新发展统筹兼顾

五大道历史街区的空间形态是处于不断发展变化中的，各个时期空间形态演变的过程共同构成了这一区域的典型特征。因此，对这一历史街区的保护并非只是对原有租界时期建筑的单体保护，而是针对不同对象、不同时期、不同价值的建筑体，分别采取保护、改造、更新和促进发展等措施。总体上将其分

<table>
<tr><td colspan="4" align="right">城市更新对文化街区片段的重新划分　　表 5-2</td></tr>
</table>

建筑类型	门院式	里弄式	院落式
抽象出的建筑样式			
与街道的关系	主要位于街道交叉口处	从城市街道一侧确定入口和通道进入	有唯一的入口并直接伸入内院
建筑形式	有主要的临街面，另一面与周边建筑保持着整齐的界面	里弄内部有明确、紧密的界面	建筑造型丰富
使用特性	目前主要用于公共机构，开放程度弱	小户型，用于居住，比较开放	混合居住，开放程度高

为保护性建筑、一般性建筑、新建性建筑和拆除性建筑，遵循"因材施教"的原则对其进行分级分类的规划建设控制，从而实现对这一历史街区进行整体保护与统筹更新发展。例如保护性建筑主要根据修建年代、历史价值、现状质量状况等，对历史街区内所有建筑进行分类，分别明确其拆、改、留措施。新建性建筑强调与周围建筑环境相协调，遵守体量、建筑规模、高度等方面的建设控制规定，并在设计手法上对该区域的典型空间形态予以"延续"和"重构"。

在城市更新过程中，清晰界定街区内部所有土地的利用状况及其使用功能是非常重要的。因为它决定了规划的空间组织、布局形式，甚至建筑平面的布局、建筑体量、形态等，并由此形成整体性的街区空间形态。对于五大道历史街区的土地使用功能，有两个方面的考虑：一是五大道街区是历史上的高级居住区，二是它居于当前天津城市中的特殊地理位置，紧邻以商务办公为主要功能的小白楼商业中心。因此，其土地功能的定位仍是以高档住宅区为主，集餐饮、娱乐、零售、小型办公及博展（名人故居、历史展）旅游的适度功能混合区域。由于这一历史街区整体保存状况较好，原租界住宅建筑有较高的保护利用价值，更新规划中严格控制大型办公建筑的比重，以减少大量的车流、人流给该地区带来的交通压力及对环境氛围、整体空间形态的破坏。

5）城市更新导则与规划控制

针对历史建筑不恰当的翻新和装饰、拆除围墙、更新建筑背离五大道设计传统、沿街设施不规范等设计和建设中的具体问题，城市更新首先强调要严格保护五大道历史文化街区的整体环境，并进一步对每一座院落、建筑进行仔细甄别、分类，分析其构成要素，有针对性地编制城市更新导则。导则提出要保护五大道历史文化街区的整体高度和街道尺度，核心保护范围内更新建筑的檐口高度不得超过 12 米，建设控制地带的建筑高度采用视线分析等方法确定，面向核心保护区渐次降低；建筑的材料和色彩应符合周边历史建筑的既有特征；历史建筑的细部、质感和材料应在更新建筑中得到恢复和补充；当建筑的沿街长度超过 20 米时，必须采用适当的凹凸变化以避免单调；针对建筑屋顶、退台、院落、围墙等方面导则也提出了精细的设计引导（图 5-7 ~ 图 5-9）。

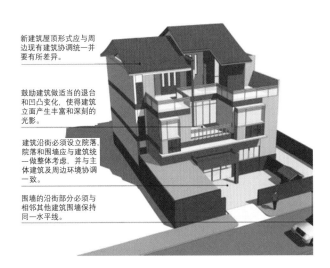

新建筑屋顶形式应与周边现有建筑协调统一并要有所差异。

鼓励建筑做适当的退台和凹凸变化，使得建筑立面产生丰富和深刻的光影。

建筑沿街必须设立院落，院落和围墙应与建筑统一做整体考虑，并与主体建筑及周边环境协调一致。

围墙的沿街部分必须与相邻其他建筑围墙保持同一水平线。

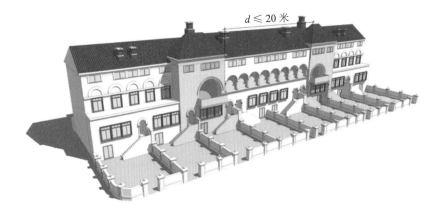

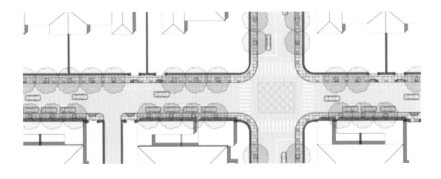

图 5-7　建筑控制导则（上图）

图 5-8　超长建筑立面变化控制导则（中图）

图 5-9　道路设计控制导则（下图）

6）精细化管控指导更新实施

城市更新方法具有立体化和直观性的特点，用城市更新进行管理就是要将整体思维和立体思维引入规划管理。本次城市更新为五大道 2514 幢建筑建立了三维数字模型，对建设项目进行三维空间审核和动态监控，为全方位、立体化、精细化的规划管理提供了强有力的技术支持（图 5-10）。

五大道历史文化街区城市更新的主要成果已纳入《五大道历史文化街区保护规划》，2012 年 4 月获得天津市政府批复，现已成为街区内进行各项建设活动以及编制修建性详细规划、建筑设计以及各专项规划的依据，推动了历史街区保护更新水平的大幅提升（图 5-11）。

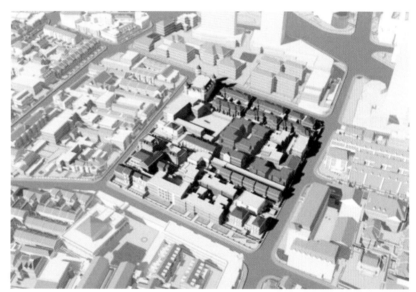

图 5-10　街坊更新数字模型示例
（上图）

图 5-11　民园广场更新实施效果
（下图）

五大道历史文化街区城市更新全面深入地研究了历史空间特色，并将研究成果用以规范和引导街区内部的更新建设，延续历史上既有秩序又丰富多样的空间环境特色。同时，探索和建立了一套精细化的管理方法，将城市更新成果转化为可辨识、可度量、有效果的管理工具，有效促进历史街区更新改造和环境品质的提升。

3. 市容环境综合整治

天津新八大里位于市区中心城区的南部区域，是天津"十二五"规划建设的重点地区，作为当前连接天津城市主城区和次城区的重要纽带，曾是 20 世纪 50 年代发展起来的天津重工业基地。该区域始建于 1958 年，是新中国成立初期天津市的第一批"高档住宅片区"，这片区域承载了天津近两代人的生活与城市记忆，是天津市城市更新的重要区域。

1）社区整体品质和活力更新

天津新八大里社区更新围绕 8 个邻里街区的宜居宜业品质提升展开，使其成为天津市新时代高品质居住社区的典型代表。例如居住环境品质提升、商业经济活力复兴、文化遗产保护等（图 5-12）。

社区更新规划紧密围绕提升居住区环境品质，高度混合布局住宅、公寓、商业、办公等业态空间，提倡打造成为"3 个 8 小时"的活力社区。例如通过院落式围合的建筑布局，既满足了相对安静私密的居住环境需求，又为街道提供了更多的商业机会，包括南侧横贯一里至五里的商业大街。城市更新的特点之一在于将 8 个邻里街区的单一居住功能，拓展为多业态混合的综合性活力空间，使每一个住区既有私密的内部居住环境，又有共享的外部商业活力中心，并最终串联形成完整的社区活力环线，既满足了功能需求，又满足了精神需求。

图 5-12　商业大街效果

为了营造居住社区的舒适性空间，在街道断面设计中将绿化带从道路红线外侧置换到红线以内，使得绿化空间共享于机动车道、非机动车道与人行道之间，既保证了道路的安全，又拉近了行人与建筑的距离，活跃了街道的氛围。社区通过系统化打造户外公共空间来提升空间品质，形成"点—线—面"结合的三级开放空间体系。开放空间体系结合地标建筑布置小型开放广场，既满足了人流疏散需求，又提供了休憩与交流的场所；结合南北河道沿线开敞空间设置的海河公园和复兴河公园，为喧闹的都市带来了一丝野趣；结合道路绿化带、分隔带和人行道设置的步行空间，为人们的出行和游憩提供了绿色通道，并将各级开放空间加以串联，构成社区户外开放空间体系。

新八大里地区在充分利用地理区位优势与交通优势的基础上，逐渐发展成为产业与居住高度融合的高质量城市社区，通过建设繁华的都市街区、优美的滨水空间和特色的景观大道，该地区成为集企业办公、商业休闲、宜居社区于一体，连接主、副中心的发展纽带。

在工业遗产保护方面，城市更新对老旧办公楼及厂房、库房、木桁架结构车间、铁路支线等代表性工业遗留建（构）筑物，提出再利用和改造策略，使其在融入新功能、新业态的同时，展现工业历史的辉煌，延续地区的时代记忆。

2）勾画特色城市街区风貌

新八大里结合入市道路的交通优势、两河之间的地理特征、紧邻"老八大里"的区位特点，勾画了不同区位下各具特色的城市街区风貌特色。例如站在黑牛城道迎宾大道上，可以看到两侧的公共建筑均展现了以庄重、典雅、大气为特色的迎宾建筑形象；若从海河和复兴河面上看，则是以各类欧洲古典风格为主的商住建筑城市界面，展现了"万国建筑博览"的国际风情特色（图5-13、图5-14）。

3）创新整体性规划统筹管理模式

基于整体性规划统筹理念的城市总师模式为城市更新项目的实施提供了保障，特别是在新八大里更新项目中，项目启动之初就建立了从规划编制到实施的总师管理平台，系统架构了组织结构和运作机制，实现了技术的协同和管理的协同。例如市场策划侧重市场调研、开发座谈，以此明确市场需求，明确建筑规模、业态比例及空间布局关系，实现了空间设计与市场的对接。交通专业侧重分析和研究规划路网与周边路网的衔接，通过交通流量预测，制定地区公

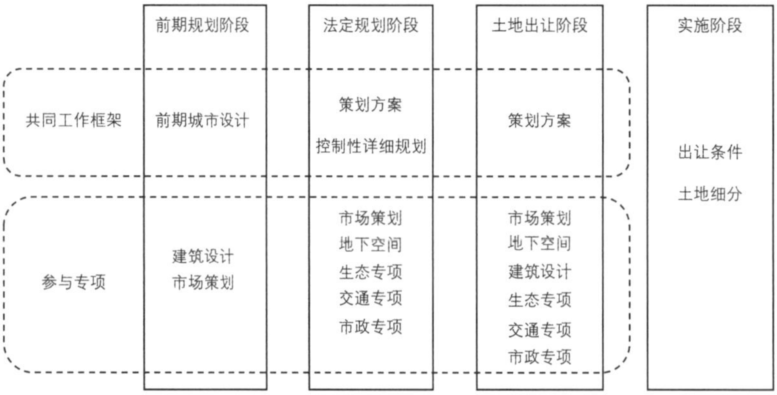

前期规划阶段	法定规划阶段	土地出让阶段	实施阶段

共同工作框架	前期城市设计	策划方案 控制性详细规划	策划方案	出让条件 土地细分
参与专项	建筑设计 市场策划	市场策划 地下空间 生态专项 交通专项 市政专项	市场策划 地下空间 建筑设计 生态专项 交通专项 市政专项	

图 5-13　沿黑牛城道效果（上图）

图 5-14　沿复兴河效果（中图）

图 5-15　城市规划引导项目规划
的各个设计阶段示意图（下图）

共交通策略和机动车停车策略，为城市更新确定总体及各类业态建筑的规模、
分布情况提供了有力支撑（图 5-15）。

　　总师模式建立了更新规划的例会机制。由规划管理部门组织，城市规
划专业团队和各相关专业团队出席，共同商讨协同设计工作中出现的问题
以及各专业团队提出的解决策略，综合协调，达成共识。管理与组织机构

图 5-16　功能业态分布图（上图）

图 5-17　建筑高度控制图（下图）

适时与建设实施相关部门沟通，通过下达通函及条文等形式确保规划切实被落实。

　　例如，城市规划与市场策划的市场评估和预测结合，调整整体的业态种类及配比并反馈给建筑设计等专业进行相应的调整（图 5-16）。城市更新从整体的空间形态控制出发，将沿黑牛城道两侧的建筑应有 35 米裙房线和 80 米、120 米、150 米、220 米的梯次高层线等控制要求作为各建筑设计团队编制策划方案的条件，天津市建筑设计研究院等 7 家建筑设计单位均遵循这个共同的设计要求进行设计（图 5-17）。通过结合城市规划专业与生态专项的太阳辐射和通风分析，调整城市建筑群和院落的布局（图 5-18）。

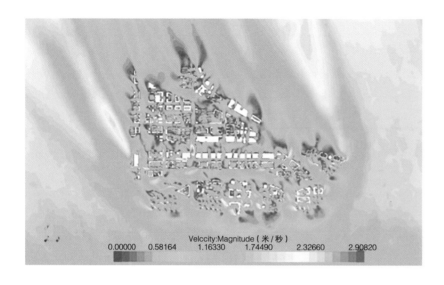

Velccity:Magnitude（米／秒）

0.00000   0.58164   1.16330   1.74490   2.32660   2.90820

图5-18   通风分析图

4）多方利益协调和对接市场需求

城市更新往往涉及多方利益，需要各方共同参与完成。特别是区域型更新项目，规划管理者、开发商、现有和未来土地使用者、周边机构和住民等主体之间的利益关系复杂交织，存在很多矛盾和冲突。因而更新重构只有对各主体之间的利益冲突进行协调，才有可能顺利推进城市更新实践（图5-19）。

新八大里地区的现状情况非常复杂。其更新规划实践从两个方面入手，一是规划协调多方利益关系，二是规划提前对接市场需求。规划协调体现在陈塘老工业区的拆迁调解。该区除了闲置废弃的厂房，还有一些工厂、厂区宿舍及

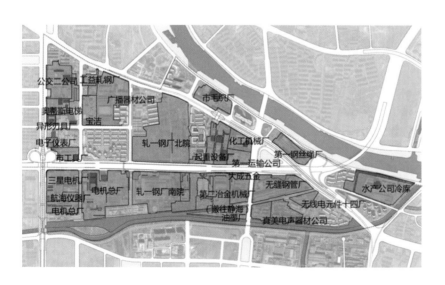

图5-19   新八大里地区现状厂区
及保留住宅分布

民房在使用。在城市更新整体统筹下，团队人员多次走访和了解拆迁意向，并组织和调解各种拆迁安置问题，对于厂房废弃且有意向搬迁的企业，依据《天津市工业东移企业国有土地使用权收购暂行办法》，就搬迁补偿、奖励措施和新厂区的选址安置等细则进行洽谈，了解企业诉求及困难，对各项具体事宜指认权责，切实保障企业利益；无意向搬迁企业考虑就地安置，根据更新区规划，以征地补地的方式协商调整用地范围，同时将现状情况反馈给规划专业，进行同步协调。对于拆迁区现住民，依据国家相关规定，在达成共识的基础上，依法对个体提供拆迁补偿并进行妥善安置；需保留的现状住区，了解住民对周边开发的忧虑和诉求，严格控制周边开发密度、容积率、绿地率等居住环境指标，保障现状环境不会因开发而恶化，并使居住品质得到优化与提升，住民可在更新中切实受益。

为了整体城市更新可以最大效能落实开发，在总师团队组织下整体编制了"一控规两导则"，并制定了"携方案出让"的开发控制模式。在土地出让合同中明确提出"开发地块的规划平面布局、空间形态、建筑高度等参考建筑策划方案，沿黑牛城道、复兴河两侧的建筑风格、外檐形式及环境景观应符合策划方案。如确需对局部进行调整的，不得影响总体规划布局及空间形态，并且以规划局最终审定的'建设工程规划许可证'为准。"这一模式对城市发展意义重大的大规模整体型更新项目，有着更高效的控制力和可实施性，可以最大效能实现从规划编制到开发建设的转化。

5）保障公共利益的更新

为了保障公共利益最大化，新八大里更新规划项目在前期就引入了市场策划专业与意向开发商，通过前期策划了解市场情况，明确空间发展需求，提前对接开发意向，获得市场的资金支持。多方利益协调和对接市场需求基于整体视角的发展战略和定位研究，其目的是确保城市更新的可行性和科学性，即土地出让的可行性、空间利用的科学性，并最大化地保障公共利益的实现。

市场策划是在专业团队的研究和调研基础上，分别将商业、办公、公寓、住宅等各业态纳入商业方向，对产品特点归纳、市场调查、资源整理、市场供需分析、规模推算等方面进行技术摸底，明确产品的开发种类和开发步骤，进而明确更新的目标和空间调整方案，确保规划落地可行。整体性更新规划机制促使多专业、多利益主体协调工作，通过多专业技术的高效整合，提升实施建设的控制力和有效性。

对接开发意向是通过在建筑初始设计阶段进行"拟招商"来确定意向开发商，未来可实现从规划到实施的无缝对接。例如在全国范围内征集和邀请有实力的意向开发商，针对土地价值评估、开发单元选择、建设分期组织、开工竣工期限保障、地下空间和基础设施的代建和管理意向等重点问题，提出技术性解决方案。意向开发商的提前介入，使规划和建筑设计有了更强的目的导向和市场接受度预估。

在开发过程中，社会、公益、文化等相对处于弱势的因子，需要通过科学预期，提前争取政府机构的支持与协助。新八大里地区曾是天津著名的陈塘老工业区，现状厂区内有不少保留完好的厂房、成规模的厂树和废弃的货运铁轨。经测绘专业现状踏勘后，团队决定对厂房、厂树和铁轨制定专项保护规划，保留地区的工业记忆，为未来的新八大里留下地方文脉并形成良好的生态环境。为避免划定保留的建（构）筑物和植物在土地整理过程中被误拆误毁，协同工作组携第一时间整理出的测绘成果，以特批权限走最短程序、以最快速度向政府机构提出申请。行政主管部门经考量，编制并向有关部门及时下达了附有精准测绘和保护图纸的《关于土地整理过程中的厂房、厂树和铁轨保护的函》，切实维护文保规划，留其所保。

新八大里地区的更新建设，对天津城市中心旧区的有机更新和协同设计机制的建构进行了有益探索，成为天津"十二五"规划时期城市建设的亮点（图5-20）。

图 5-20　新八大里地区整体鸟瞰

4. 公共中心特色塑造

文化是一种内在的精神力量，城市的文化反映了其精神内涵。一个城市的文化中心，承载着这个地区的历史文脉和城市精神，有助于提升城市活力，塑造空间秩序，确保城市有序、健康、可持续、高质量发展。天津文化中心作为具有文化维度的城市"心脏"，它的建设将为挖掘天津的地域特色，向外界展示天津文化底蕴，提升城市形象，建立省市间、国际间的交流平台作出贡献。2008 年，为了进一步促进城市文化繁荣发展，提升中心城区"心脏"功能，天津市委市政府决定在中心城区开发建设天津文化中心，这一决定不仅有效改善了天津现有文化设施布局分散、功能缺失的问题，而且为调整天津中心城区的空间结构带来重要机遇。

在重塑天津城市中心的过程中，最亟待解决的问题就是如何处理新老中心的布局关系。在此之前，城市的主中心是小白楼商务区，但是由于该区环境容量有限，难以满足未来区域的集聚能力和发展空间。然而，如果完全脱离老中心的辐射范围去建立新的城市中心，虽然拓展了发展空间，却不利于承接老城的公共资源；甚至由于严重脱离已有的传统文化氛围，新中心难以得到文化滋养，最终将面临因人气匮乏而凋敝的窘境。因此，最佳的布局策略是在将新的城市中心移至老城市中心外的同时，使其在空间系统上可以承接、梳理和延续老城市中心的公共资源，并保证新老城市中心在文化层面上相互渗透与影响，以老城市中心的辐射力培育新城市中心的成长。

新的文化中心、现有的城市行政中心与接待中心呈三角之势相连，形成以文化为主导的中心城区，并将向东延伸出商务中心，以强化中心区功能的多元与复合。文化中心及其周边地区规划面积 2.4 平方公里，成为新城市中心的"心脏"，为未来城市的发展提供了空间和机会。通过完善整个地区的基础设施，并与小白楼商务区建立交通公共交通联系，在城市功能、城市面貌、城市文化方面对标世界级城市中心，使其成为更加强大的城市"心脏"（图5-21）。

1）和而不同的建筑风貌

文化对精神的表达体现在对事物的审美上，而建筑在理性上的回归也是审美的回归。在这里，天津文化中心是能够代表理性精神的一组建筑群落。该建筑群包含了大剧院、博物馆、美术馆、图书馆、天津万象城、阳光乐园共 6 座不同样式的建筑，它们之间保持着"和而不同"的和谐共存的理性审美理念。

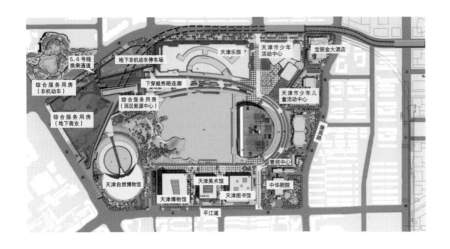

图 5-21　文化中心区域规划布局

对这些建筑方案的整合建立在国际方案甄选之上，通过有效协调、组织技术力量，采取不同的设计手法，形成统一却不失多样的建筑语言，体现了天津城市的文化追求和品位。

无论是新旧建筑之间还是新建筑之间，都需要形态上的整体把控。作为区域核心的大剧院与自然博物馆以"天与地"的文化寓意相呼应，形成了新老建筑的协调统一。而大剧院两侧的其他几座建筑作为烘托，没有过分强调自身形制去标新立异，而是立足天津本地的文化特色，以中西合璧、古今交融作为建筑的文化内涵，以现代经典的建筑形制作为具体的表现方法，由相似的体型特征和表面材料打造出和而不同的整体风貌。这便是建筑间的"唱和相应"与区域整体的理性和谐。

建筑作为人类文化的物质载体，叙述着当下，更延续着历史的肌理，也将成为未来的记忆。文化中心周边地区未来建设开发总面积将达到650万平方米。为最终形成秩序井然的空间形态，城市更新统筹了公园、交通枢纽、功能布局等因素，对所有的建筑高度、体量、位置进行综合安排，将开发强度和密度较高的商业性用地集中在交通走廊及开放空间周围，形成重点突出、疏密有致的整体城市形态。

2）城市土地利用的混合开发

文化中心周边地区（2.4平方公里）将从原有的城市居住社区逐步转向以商业、办公、酒店、公寓等功能为主的现代化城市中心区（图5-22）。多样化的土地使用功能彼此邻近，将创造一个高度混合各种建筑类型与建筑样式的、充满活力的城市空间。区域整体空间以景观绿轴串联文化中心公园和中央公园，四周围绕绿轴享有较好的文化、景观资源。各种混合的商业功能靠近居住社区，成为扩大发展区域的标志性场所（图 5-23）。

3）TOD 公交优先的交通系统网络

城市更新优先发展的公共交通系统，遵循"零换乘"原则，通过公共交通的支撑，连接主要街道，提高区域城市流通性，为天津提供了一个新的交通廊道，形成多模式交通网络系统基础（图 5-24）。城市更新围绕已经建成或规划的公交走廊、站点发展城市，整个区域未来公交出行率达到 60%；新增的轨道

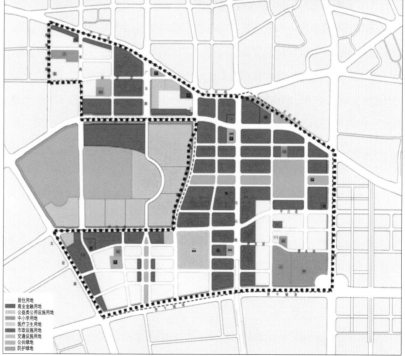

图 5-22 文化中心景观全景图（上图）

图 5-23 土地利用规划图（下图）

线基本覆盖步行可达范围；多样化的公交系统有效补充轨道交通；拓宽的自行车道以及综合步行网络，将文化中心周边地区与城市内外的区域相连接，凸显效率与活力。

慢行交通结合了街道网络，营造了系统性、网络化、多层次的"绿色慢行道"。将慢行系统联系到每个重要的城市场所，设置便捷的步行转换节点，改善了城市步行和自行车交通环境，激发了市民的步行欲望，提升了城市活力（图5-25）。

城市更新针对车行交通系统，提出了动态合理的更新控制。基于文化中心及其周边地区的区位特征、功能布局以及原有道路的现状问题，构建了交通"保护圈"，屏蔽过境交通干扰。对外打通地区交通瓶颈，满足对外联系需求；对内完善支路体系，改善地区交通微循环，保证各级道路衔接顺畅，提升地区出行效率，改善出行环境。设置合理的停车系统，使静态停车系统与动态交通系统相平衡，且与公共交通服务相平衡，合理控制地区停车供给下限和上限，保证停车供给的良好水平。

4）整合连通区域的开放空间

天津原本就是一个以独特公园和高品质开发空间著称的城市。文化中心周边地区的发展将建立在这个传统之上，通过新增的绿道与林荫大道联系现有的绿色空间和海河两岸，形成区域化的开放空间网络，促进城市南部空间品质的整体提升。城市更新整合开放空间网络，充分满足生态连续性以及市民可达性的要求；体现地方性，保留原有公园以及街头绿地，形成传承地区记忆的空间场所；建立高品质的公园组群，方便居民步行可达；重视开放空间的美观和质量，形成一年四季不同的景观印象（图5-26）。

5）营造宜人尺度的街道生活

天津的城市肌理保留了舒适、人性的街道尺度与建筑景观，如狭长紧凑的林荫道以及中低层建筑等。城市更新在"窄路密网"的理念指导下，以100米×130米尺度为基本街廓单位，以4~8层建筑群围合地块，为每一条街道赋予准确的定位——兼顾交通和界面属性，制定明确的设计控制条件，从而创造连续、开放、有吸引力的街道界面，营造积极、健康、充满活力的城市生活（图5-27、图5-28）。

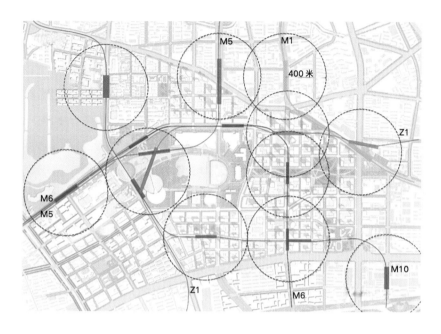

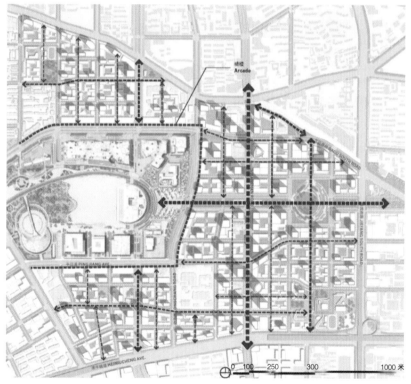

图 5-24　轨道交通系统（上图）

图 5-25　地面步行空间系统（下图）

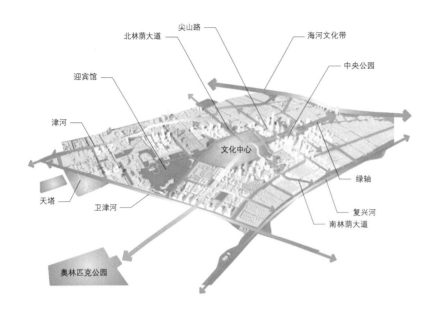

图 5-26 开放空间连接分析图
（上图）

图 5-27 平江道效果图（下图）

6）高度复合的综合地下空间

在城市更新统筹下，地下空间规划设计可以将地面建筑和地下交通系统（轨道交通、地下停车等）有机结合，对多样化的城市功能加以有效布局，全面整合地下空间资源。地下交通设施、地下公共设施、地下市政设施以及各类设施的地下综合体，通过城市更新统一规划、分期建设，形成一个融交通、商业、休闲等功能于一体的地下综合空间（图 5-29）。

图 5-28 尖山路效果图（上图）

图 5-29 立体化步行空间网络
（下图）

7）城市品质控制的更新导则

城市更新导则是对城市空间形态以及城市建筑外部公共空间提出的控制和引导要求，以期对城市空间形象进行统一塑造，保障优良的公共空间和环境品质，促进城市空间有序发展。

总体层面的城市更新导则确定了地区发展愿景和规划布局，并从建筑体量、街道特征和开放空间等三个方面，提出总体控制要求。

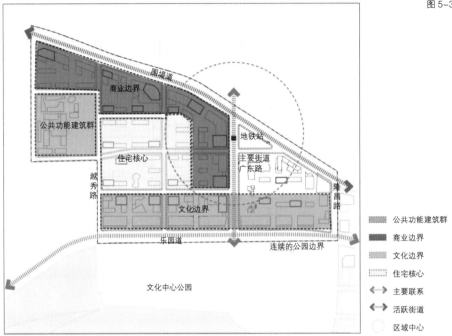

图 5-30　北区区域特征引导

公共功能建筑群
商业边界
文化边界
住宅核心
主要联系
活跃街道
区域中心

　　片区层面的城市更新导则从开发地块划分、区域特征、土地使用、地面层用途、街道层级、公共交通、自行车路线、行人网络、开放空间、建筑高度、体量原则、塔楼的位置和高度、塔楼及出入口的布局、停车场及服务通道的布置等方面，对每个片区提出中观层面的控制要求（图 5-30）。

　　地块层面的城市更新导则是规划管理的切实依据，它以图则的形式规定了地块容积率、总建筑面积、主要用地性质、其他用地性质、最大建筑高度、最小绿地覆盖率、红线退界等规划控制指标（图 5-31）。

5. 重点地区更新营造

　　针对外围地区发展相对滞后的问题，规划通过 11 个大型城市公园建设，以完善的生态系统带动存量土地开发，在提升土地价值的基础上，进一步完善城市格局。结合轨道上盖物业的综合开发，拓展城市空间，使轨道交通布局与整体高度分区相契合，依托市民的出行系统优化城市结构。同时，在原有道路等级划分基础上，从使用者角度出发，重新划分街道类型，明确景观型、商业型和生活型道路的使用要求（图 5-32）。

地块 NC01

信息	地块	NC01a	NC01b	NC01c
地块面积（平方米）	27931	12453	14463	1015
建筑容积率	2.6	3.9	1.7	0.3
建筑总面积（平方米）	73800	48500	25000	300
主要用地性质		商业	居住	市地
最大建筑高度（米）	80	80	24	10
最小绿地覆盖率				

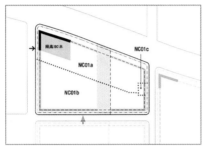

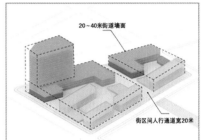

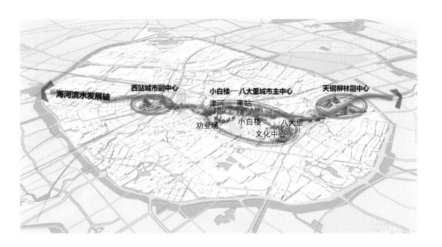

图 5-31　文化商务中心区 NC01
地块规划控制管理图则（右图）

图 5-32　海河滨水发展轴与"一
主两副三中心"（下图）

　　天津中心城区快速环路与外环线之间的区域，是中心城区依托外环绿带，实现环内外生态系统连通、生态资源整合的重要区域，也是一个以"存量"发展为特征的城市更新区域。城市更新主要针对区域内北辰堆山公园、刘园苗圃、子牙河公园、侯台公园等 11 个城市公园的周边地区，用地面积约 74.7 平方公里（图 5-33）。

　　通过"天津之链"城市更新，一是构建中心城区边缘区空间联通、功能多元、景观优美的生态空间网络；二是制定中心城区边缘区空间生态化策略，建构"花园式生态社区环带"；三是打造以公园为核心，布局紧凑、绿色出行、配套完善、尺度适宜的花园式"生态社区"。

图 5-33　外环沿线 11 个公园及
周边地区

中新天津生态城（下文简称"中新生态城"）是中国和新加坡两国政府密
切合作、共同推进生态城市建设的重要规划实践，体现了当代生态绿色优先的
城市更新理念。城市更新的总目标为"生态之城、宜居之城、文化之城和活力
之城"，回归人与自然的和谐关系，打造"绿色低碳"的生活方式。与自然和
谐共处，处理好人与自然、人与社会、人与经济三种关系，是生态城市更新的
核心思想（图 5-34）。

图 5-34　中新生态城总体城市设计鸟瞰图

1）城市生态空间中的"图底关系"

中新生态城的更新规划提出了三种新的城市意象，这些意象是建立在这一区域的生态底板之上的。即通过"先底后图"，协调城市发展与自然生态的"图底关系"，形成"三规合一"的工作模式和生态评价指标体系。发展之"图"体现在对建设用地布局的考量，包括生态社区、生态交通等；生态之"底"体现在对城市生态结构完整性、用地适宜性等方面的考虑，例如自然生态格局和再生能源的利用。

2）发展之图

发展之图描绘了城市发展的三种意象，勾勒出生态城市未来的发展愿景。

意象一是双核共生、双翼齐飞，是指城市中心功能核（商务中心区、企业总部岛、行政文化中心）与城市生态核（生态岛）相存相依，形成城市活动场景与自然生态景观的充分融合；南部片区与北部片区"两翼齐飞"，形成各具特色的生态居住片区。

意象二是绿环水绕、一城双面。由蓟运河、蓟运河故道、清净湖等水体构成的生态水系统与滨水绿带形成绿色与蓝色的绸带，构成生态城重要的生态系统和自然景观特色；生态城西北侧以丰富的自然生态资源为主要特征；东南侧以生动的城市生活和产业景观为主要特征，充分体现城市发展与生态保护的和谐关系。

意象三是一轴六心、绿网如织。生态谷结合轻轨线路呈"S"形贯穿生态城南北，串联中新生态城 6 个城市功能核心区，形成城市生态绿轴和绿色交通主轴的复合型城市轴线。生态谷兼具城市生态设施带、开放空间带、休闲服务设施带和特色景观带的作用，在生态谷、滨水绿带、重要公共服务设施之间编织起慢行绿道网络，最大限度发挥生态资源价值，创造人性化城市生活空间。

在生态社区建设方面，中新生态城借鉴了新加坡新城建设中的社区规划理念，并将生态型规划和我国社区管理相结合，确定了具有示范意义的生态社区模式。生态社区模式的理念之一就是社区和服务设施的分级配置体系，建立基层社区（"细胞"）—居住社区（"邻里"）—综合片区 3 级居住社区体系。目前中新生态城已经建成几十个基层社区"细胞"，形成十几个居住社区邻里，设施环境较为完备和完善的综合片区还有待进一步建设和优化。

中新生态城绿色交通的核心理念是以人为本，创建以绿色交通系统为主导的交通发展模式。为了实现以人为本，贯彻健康环保理念，中新生态城将非机动车作为最主要的交通出行方式，并将非机动车出行时的外部公共空间环境作为建设重点内容，建立起一套非机动车专用路系统。经过充分绿化的非机动车通道，构建了独具特色的慢行绿道系统，这些绿道又把城市所有的绿地公园、滨水空间、公共设施紧密联系起来。在形成宜人的城市生态绿网的同时，保证城市重要公共空间与设施的步行可达性。目前非机动车出行达到出行总量的60%，小汽车出行已低于 15%（图 5-35）。

3）生态之底

生态底图体现在自然生态格局和生态资源利用两个方面。例如在规划区内

图 5-35　非机动车专用路系统

保留的大量生态水系、湿地保护区和生态缓冲区。以清净湖、问津洲组成的开敞绿色核心是中新生态城的"生态核"，发挥"绿肺"功能，为生态城提供优美、宜居的生态环境。环绕"生态核"的蓟运河故道和两侧缓冲带，以及点缀其间的若干游憩娱乐、文化博览、会议展示功能点，结合健身休闲的自行车专用道形成"绿链"，构成中新生态城的"生态链"（图5-36）。

在水资源和可再生能源利用方面，中新生态城以节水为核心目标，努力推进水资源的优化配置和循环利用，构建安全、高效、和谐、健康的水系统。在实施建设中，利用人工湿地等生态工程设施进行水环境修复，并纳入复合生态系统格局。引入再生水利用工程，主要用于建筑杂用（冲厕）、市政浇洒以及区内地表水系补水，剩余水量供周边地区用水之需。

图5-36　生态底图（上图）

图5-37　风力发电设备与生态城
2号能源站（下图）

能源利用的目标是促进能源节约，提高能源利用效率，优化能源结构，构建安全、高效、可持续的能源供应系统。中新生态城在地源热泵、光伏发电、水蓄冷、冷热电三联供等多种能源供应技术方面实现了综合运用。2010年，中新生态城被列入我国第一批"光伏发电集中应用示范区"（图5-37）。

4）先底后图

"先底后图"是根据生态结构完整性和用地适宜性的标准划定禁建、限建、适建和已建的区域，在此基础上进行建设用地布局。更新规划基于环境承载力和土地适宜性分析，明确了城市发展的人口规模、人均城市建设用地面积等相关指标。为了实现社会、经济、环境协调发展的目标，在用地空间布局的基础上，中新生态城建立了一套符合生态城建设目标的指标体系和配套政策。指标体系在以"生态环境健康""社会和谐进步""经济蓬勃高效""区域协调融合"作为4个分目标的基础上，提出30项控制性指标和6项引导性指标，共计36项指标。配套政策具体包括产业政策、公共财税政策、住房政策等共计11项内容，涉及经济、社会、环境等多方面。

城市更新与区域相连通的自然生态格局、以人为本的绿色交通理念、分级配置的生态社区模式、节约优化循环的水资源利用、低耗高效可再生的能源利用以及通过日照环境和通风环境模拟得出的科学的建筑物布局朝向和间距，这些理念与技术的应用，为规划的实施奠定了理论基础，提供了技术指导。为了完成图底关系，工作团队采取了"三规合一"的工作模式，同步编写了经济社会发展规划和生态环境保护规划，减少了各类规划之间的矛盾，加强了各类规划的相互协调和衔接。在实施和管理过程中，真正以经济社会发展规划为依据，以城市总体规划为支撑，以环境保护规划为目标，使规划真正成为建设和管理的依据和龙头。

经过多年的建设与发展，昔日的盐碱荒滩如今已是道路纵横、绿树成荫、高楼林立、充满生机，8平方公里起步区已初具规模和形象。随着规划建设工作的不断开展，中新生态城在生态城市建设的探索与实践方面将进一步深入，生态城的规划和发展将成为天津城市发展的里程碑，将在国内外生态城市规划实践中起到重要的示范作用，成为面向世界展示经济蓬勃、资源节约、环境友好、社会和谐的新型城市典范。

5）整合、联通中心城区边缘区

建设环城生态绿道系统，强化城市生态空间的连通性。依托外环内侧、外侧绿化带以及外围的生态空间，构建3条具有不同特色的环城绿道系统，通过融入自行车道、步道慢行系统的生态廊道，有效连接环外8个郊野公园、外环绿带以及沿线11个城市公园，提升中心城区边缘区生态多样性、连通性及完整性（图5-38）。

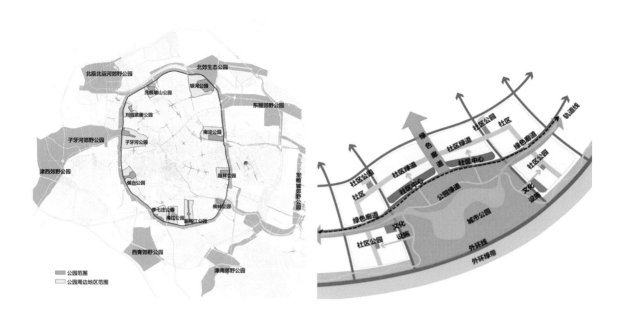

图 5-38　花园式生态社区环带

兼顾生态保护与市民休闲游憩需求，赋予生态空间精细化功能。其中郊野公园主要承担生态保育、自然资源保护及远距离游憩等功能，外环绿带主要承担城市空间结构改善、中心城区生态绿色屏障的作用，11 个城市公园主要承担市民中近距离休闲游憩、生态文化体验、康体运动的功能。

塑造一系列具有鲜明文化、生态、功能特征的城市公园，保护现有的自然生态基底，形成湿地型、滨水型、森林型、山体型共 4 种自然特色的公园；融入城市的文化脉络，赋予公园鲜明的文化特色，形成中式传统、西式以及现代文化艺术 3 种典型的文化特征，使公园成为城市文化、公共艺术、市民文化活动的载体；强化公园功能特色，打造特色的"城市客厅"。

依托"天津之链"，建构与生态网络契合的带形结构。整合 11 个公园周边 1~3 公里服务半径内的存量土地资源，通过城市空间与生态空间的契合，建设以公园为核心的高品质生态社区，并通过河流、道路的绿化廊道形成社区间的绿色生态间隔，整体上形成中心城区边缘区带形、紧凑组团式布局结构。

依托大运量轨道交通，促进公共交通导向的发展走廊的建设。一方面通过轨道交通加强中心城区边缘区与城市中心区以及外围产业区的联系，并依托公交枢纽引导新的城市功能节点的形成，培育多中心网络结构。另一方面，通过与公共交通契合的开发密度引导，促使公交服务能力与开发强度相匹配，同时在站点周边采用小街区、密路网，建设紧凑、适宜步行的混合利用的社区，使公园周边地区整体上呈现紧凑、具有梯度层次的开发分区。

与城市总体的中心体系结构相适应，构建多层级、网络化的公共服务体系。按"城市级—城区级—社区级"进行设施体系分级布置，同时以轨道站点为核心组织城市生活，构建公共空间，引导轨道站点周边建设设施配套中心和公共生活活动中心，同时依据绿色出行设置设施级配服务半径，强化层级布局和可达性。

6）生态社区与城市的共生

生态社区的营造是社区复合生态系统有机整合的过程。对接中心城区边缘区宏观的生态网络基底以及带形空间结构，通过整合设计用地布局、开放空间系统、绿色交通系统、配套服务系统以及空间形态等，构建社区空间发展模式。

建立紧凑的空间布局（图 5-39）。划定生态社区的边界，确定适宜的空间尺度及规模，综合社区布局的紧凑性、完整性以及市民亲近自然便捷性的要求，生态社区一般规模控制在 1～3 平方公里，2～3 个生态社区围绕中央城市公园形成一个生态片区。依托城市公园、轨道站点引导社区的商业、文化、教育等公共服务设施的聚集，形成社区多功能公共中心，强化以城市公园为核心的绿化网络与居住空间的融合，提升社区中心的慢行交通可达性。整体上形成以中央公园为核心的公共中心和以人为本尺度的小街区，以土地混合使用为特征，通过绿道网络串接形式紧凑、富有活力的社区空间布局（图 5-40）。

7）系统性布置开放公共空间

构建以公园为核心的多层次开放空间网络。通过引入与大型城市公园连接的多级绿色廊道系统，串接城市公园、社区公园、街头绿地三级绿地体系，实现社区居民从任意一点出发 300 米到达街头绿地，500 米到达社区公园，1.5 公里达到城市公园的需求。同时，构筑适宜步行的街道网络（图 5-41），围绕中心公园，构筑高密度路网，形成均匀的路网肌理、适宜的街坊和街道尺度（图 5-42）。对于已形成的大型封闭社区，在保证社区单元空间相对完整的基础上，适度增加慢行绿道以及特色街道，提升社区空间开放性、连续性和渗透性。同时街道与社区公共服务相结合，提升街道的活力。

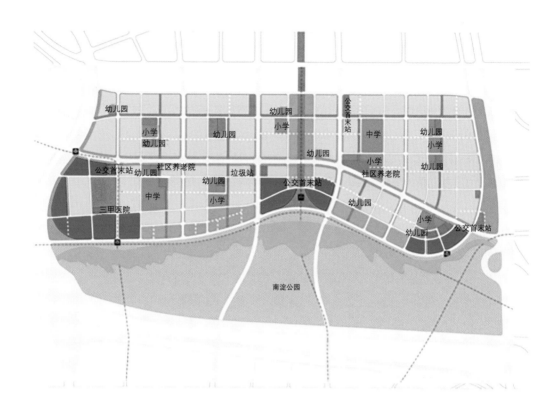

图 5-39　南淀公园用地布局
（上图）

图 5-40　南淀公园总平面图
（下图）

8）营造特色公园城市

营造特色的空间形态。合理控制城市公园、绿化廊道、轨道站点周边的建筑密度和建筑高度，突出开放空间与城市空间的契合以及公共交通对城市开发强度的引导。对公园周边空间层次的梯度变化以及建筑界面的连续度进行严格控制，延续城市空间肌理，促进新建区域与既有空间的协调，以及高层、多层、低层建筑空间融合，塑造以城市公园为核心，以绿化廊道为间隔，以公共交通为引导的开阖有致、新旧交融、层次清晰的社区空间形态（图5-43）。

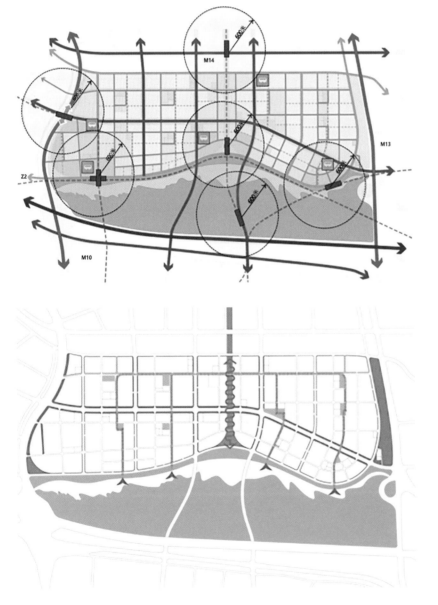

图5-41　南淀公园开放空间及慢行系统（上图）

图5-42　南淀公园交通系统（下图）

推进绿色的交通出行。因地制宜、远近结合地发展大运量轨道交通,并与常规公交良好衔接。城市公园周边采用相互连接、连续、多样且细密的街道布局模式,建立完善适宜的慢行交通网络。其中,慢行通勤网络充分考虑连通性以及与公交网络的无缝衔接,慢行休闲网络突出与城市公共开放空间有机结合,构建社区绿道网络(图5-44)。

配置适宜的公共服务。可持续社区中心不仅仅是社区的地域空间中心,更

图5-43 侯台公园及周边地区空间效果图(上图)

图5-44 柳林公园及周边空间效果图(下图)

重要的是提供康乐、文化、社会服务场所，为居民提供更多的社区就业机会。顺应老龄化的趋势，优化社区公共服务设施配置内容，因地制宜地布置医院、养老院等适老化设施，适度提升青少年设施标准，构建"两级管理，三级配套"的社区公共服务配套设施体系，为社区居民提供优良的生活服务。同时，将设施的布局与社区的开放空间系统、慢行系统以及公交系统密切结合，提高设施的可达性（图5-45）。

图5-45　南淀公园及周边地区空间效果图

9）增加城市自然延续和时代传承

增加城市未被开发的自然感，可以为市民带来宁静、休闲的感受。河流水系与绿化公园是城市的自然禀赋，也是最具价值的核心资源，规划在梳理13条主要河道的基础上，构建城市绿道系统，为市民提供亲近自然的休闲场所。从人的视角强化滨水空间的形态，以滨水梯度原则控制两岸建筑，形成连续的建筑界面，在河口交汇处、河道转弯处设置地标与节点。同时，加强生态修复，建立从自然郊野向中心延伸的生态体系。构建由环外6个郊野公园、"一环十一园"大型城市公园以及中环线和快速路上的15个城市公园组成的城市公园系统，满足市民亲近自然的需求，同时开放空间也将成为市民眺望城市公共中心天际线的最佳场所。

天津作为一座历史悠久的文化名城，中西合璧特色的历史街区是中心城区最宝贵的文化资源。但随着城市快速建设，历史保护的压力与日俱增，传统空间的尺度也随着城市发展逐渐弱化。规划力图通过营造"一带三区"的特色风貌区，对历史街区进行整体保护，尊重原有区域肌理，延续现有建筑尺度。在有机更新的原则下，完善街区功能，激发街区活力，增加市民内心的时代延续性。同时，保留并利用工业遗产，对原有工业厂房进行改造利用，延续老工业城市的时代记忆，并通过整体开发引入新的功业态，增添时尚活力又不失城市底蕴。

10）融入和谐城市环境的时尚趣味

不断更新的重点地区与地标节点，可以为市民生活增添新的时尚趣味与视觉感受，增强城市的生命力。通过明确未来重点建设的城市主副中心、片区中心、新型社区等重点地区，塑造引领时代潮流的城市地标，进一步强化城市结构。城市新的重点建设地区以紧凑的布局和功能复合的开发模式，塑造宜人的街区尺度，营造出充满活力的生活街区，带动人流聚集，成为城市新的地标节点。

规划整体上结合重点地区梳理地标建筑的分布，增加建筑高度整体分布的逻辑性，沿公共中心、轨道枢纽、视觉焦点设置地标建筑，严格控制历史街区建筑高度。同时，根据 14 个开放空间的眺望观景点来安排高层建筑组群。按照视线仰角控制建筑组群的空间层次，同时考虑建筑顶部的变化，塑造优美的天际轮廓线。规划重点营造 17 条视线廊道线形空间，联通重要的开放空间与对景建筑，建立明确的指向性（图 5-46）。

对一座特色鲜明的城市而言，融合协调的整体环境尤为重要。需要严格控制城市整体风貌尤其是建筑风貌，增强市民与游客对城市的整体感受。规划延续传统特色风貌，划分不同特色的重点风貌控制地区，海河两岸以中式传统、

图 5-46　中心城区绿地系统

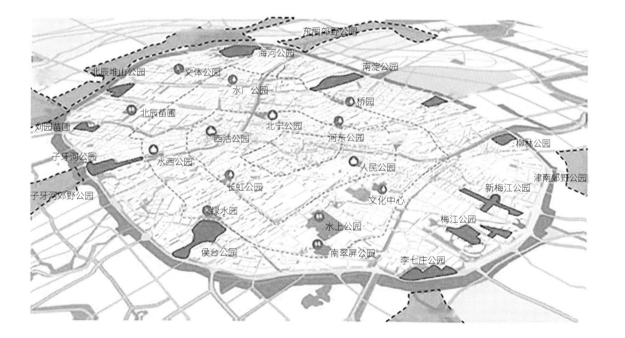

民国风格与欧式异国风格为主导；城市公共中心区、产业服务区以现代风格为主，引导城市整体风貌有序分布。

11）营造具有归属感的社区与邻里

经济新常态下社区活力问题逐渐凸显，原有大街廓相互隔离的封闭小区，难以形成有活力的街道生活。居民生活在各个不同的邻里中，满足人的心理归属需求是增加城市活力的基础。而新建小区都以点式高层为主，住宅空间类型单一，缺乏完善的社区、邻里和生活交往空间。因此，首先应按照不同年代、不同类型划分社区，并与控规单元划分相结合，明确社区边界，增加归属感。同时结合不同类型的社区空间与居民生活的特点，提出不同的更新与发展策略，如封闭的商品房小区应增加便民措施、沿街商业设施等，为市民提供长期可持续改善的社区生活环境。

此外，规划将引导舒适便捷的街道生活，从城市系统层面增加支路网密度，避免大街廓封闭小区的无序蔓延，构建窄路密网的生活空间。规划具体延伸到每个社区单元，沿次干道与支路划定社区生活主街，使其成为汇集居民出行人流的主要街道，同时与轨道站等公交枢纽快速接驳，方便居民日常出行。

12）预留城市发展空间的前瞻谋划

城市规划的本质是对城市未来发展的谋划，城市更新需要前瞻性地预留城市的发展空间。根据约翰·弗里德曼（John Friedmann）的研究，位于两相邻核心城市中间的发展走廊是离心时期最有可能获得较快发展的边缘区，因为核心间的相互吸引力越大，越容易产生溢出效应。海河中游的城市更新规划于2008年启动编制，当时正处于天津城市高速发展时期，城市规划与建设浪潮高涨蓬勃。十分可贵的是天津市政府对海河中游地区实现了"冷思考"，对公认的天津市开发条件最好的中游地区采用了预留控制策略，为子孙后代留下了发展空间。

规划编制的目的从常规的指导建设转变为指导预留控制，首先从功能定位角度探讨如何预留，从区域规划的视角审视海河中游在天津市中心结构体系中的合理定位，并结合预留控制的要求，将该地区的功能设定为天津市高端功能（天津市的行政文化中心和我国北方重要国际交流中心）和重大事件的预留地。城市更新方案将总体空间描述为4大版块、3个功能带和3条城市发展轴，共同形成"海河生态国际城"的发展框架。

为了更科学地谋划未来城市发展空间，规划统筹考虑土地储备和开发建设，协调近期需求和远期发展，制定土地储备计划预留发展用地。例如在海河中游地区的城市更新大型文化设施的用地周边，预留了大面积的生态用地，既突出中游段的国际化功能和品质化空间，又为未来国际文化体育博览项目提供了预留用地和功能接口。在开发建设中，提前预留好与城市的主要交通节点和核心区域的接驳口，为后期的开发建设打好基础条件，避免了长期预留所造成的土地价值流失。

13）城市生态优先的更新治理策略

帕特里克·格迪斯在《进化中的城市》中描述，城市要像花儿那样呈星状开放，在金色的光芒间交替着绿叶。这就意味着城市是富有生命力的自然之物，必须遵循自然的规律而发展。海河中游未来的建设必须避免人工的连片化发展，因为它不仅连接着东西"双城"，还肩负了南北"生态联系"的地理使命。城市更新以生态优先治理为目标，制定了生态主廊道、生态毛细廊道、生态绿色基底三个层次的更新策略。

海河中段游生态主廊道确定的廊道宽度为 1200 米和 600 米，生态主廊道作为严格控制区，从宏观层面实现了南北生态的基本联系。生态毛细廊道对地块层面的绿地进行通风转换，由此提高 5% ~ 7% 的地块新风通过率，形成微环境，从微观层面确保南北生态联系。生态绿色基底强调自身生态建设能力，倡导城市公共环境的高绿容率，在传统绿地率指标的基础上提出"外向型绿地率"的引导性指标，通过设置其中的 10% 为"外向型绿地率"，公共环境的绿容率将增加 3%，为生态治理提供本底环境。

对不同层面生态廊道的确立，为下一步的生态治理提供了实践基础。例如海河中游地区的城市更新对这一区域的生态承载力和生态敏感性进行了分析研究，确保是在生态安全的基础上谋求城市的发展。针对高敏感度的区域，城市更新整合现状水体，增加城市亲水空间并改善生态机制，结合滨水绿带、防护绿地与城市开放空间形成完整的生态网络。

总体而言，"海河乐章"是一次面向未来的完整城市空间更新策略，在总师模式下统筹考虑城市的近期需求和远期计划，从顶层设计、整体谋划、总体构思，到城市功能、特色风貌、未来发展、生态优先等更新治理行动的落实，再到细微之处具体彰显以人为本的节点设计，为城市更新的实践提供了全方位、全局性、全系统的更新策略和保障措施，用空间语言谱写了一篇"海河乐章"的城市交响乐，描绘了一幅富有韵律的天津城市的未来发展前景图。

5.2 中等城市更新实践——"百年蝶变"嘉兴

5.2.1 顶层设计先行，实施"全域更新"

嘉兴作为中国共产党的红船启航之地，一直秉承红船精神，并创新发扬红船精神的时代内涵，率先进行了城乡融合、三治融合、品质提升的基层治理实践。在建党百年之际，在"十三五"顺利收官、"十四五"开局之时，嘉兴抓住百年未有之大变局，围绕高质量发展阶段的各项任务和目标，进一步推进城乡规划治理能力现代化，从顶层战略、全局规划、管理贯穿、项目策划、实施把控全过程开展整体谋划，在红船起航地实践"城市总规划师模式"的规划治理创新。嘉兴城市总师团队提出以本底规划为基础进行整体的城市更新，系统研判嘉兴特色本底资源价值，依托江南水乡独特的蛛网状水系和圩田聚落特色，通过战略研判、生态识别、多维评价三个层次的本底规划研究，在系统研判嘉兴特色水网特征、历史文化脉络、城市发展本底等资源价值的基础上，构架生态优先、人与自然和谐共生的城市发展格局，利用沿线城市更新激发整体活力。以古城和南湖为核心，创造性地提出"九水连心"的城市空间格局，对内形成蛛网状脉络，呈现明显的水网密布、水绿交融的江南水乡风貌，形成麟湖、秀湖、琴湖、西南湖、南湖、秦湖等十大湖泊及河湖田塘的复合基底（图5-47）。重点关注彰显优势资源特征，延续保护发展并重，整体性统筹生态资源和生态系统、历史文脉和发展框架、文化资源和江南风貌，打造"中国的威尼斯"和"世界的嘉兴"。

图 5-47 嘉兴九水连心空间格局

自古以来，水是江南地区的生命之脉。太湖流域水网密布，河湖水面率高达10.8%，既有以太湖、淀山湖、阳澄湖等为代表的湖荡水网，也有以运河、塘浦为骨架，纵横交错的平原圩田式水系。位于杭嘉湖平原腹心的嘉兴是重要的生态腹地，其独特的水网由运河发展逐步形成。江南运河的开凿，最早记载于秦代，而嘉兴运河的开凿可以追溯到春秋战国时代开凿的"百尺渎"。隋朝在秦汉以来所凿运河的基础上，加以拓宽、疏浚和顺直。"隋大业中开运河至嘉兴府城，分支夹城左右"，至此，江南运河基本成型。运河的开通和海塘的兴修，为嘉兴整治水系、开发水利、建设塘浦圩田打下了基础。嘉兴的城市空间格局也因循水网发展，苏州塘、新塍塘、杭州塘、长水塘、海盐塘、长中港、平湖塘、嘉善塘、长纤塘 9 条放射状河道汇集于南湖与古城，形成了覆盖全域的独一无二的水文地貌。各主要河流"五里七里一纵浦，七里十里一横塘"，横塘纵浦间又有无数条河流港汊相连接，形成了建筑临水而建、沿水成街、依水而兴的独特布局。古城内外河道纵横交错，河流及其两岸古民居展现出浓厚的江南水乡风情。

嘉兴本次的城市更新标志着其从南湖时期走向"九水"时代，促进特色优势资源转化，为发展赋能。以"九水连心"独特水系格局形成独一无二的生态"底片"，展现生态价值，促进生态文明和可持续发展。以嘉兴的城市发展脉络、文化节点布置、公共服务设施结构、交通结构因循水网特色布局，促进老城与新区、城乡发展的古今交融，构成江南人文水韵的城市名片。利用世界级城市群能级的科创窗口，依托环境优势吸引高端人才，打造知识创新、研发创新和创新转化的新高地，构成嘉兴创新驱动的发展"芯片"，展现其创新价值。聚焦生态、文化、创新三大领域，将嘉兴打造为与自然相邻、与文化相依、与繁华相近的现代网络田园城市。

总师团队谋划品质提升九大板块重点项目、九水连心概念规划（图 5-48），以改善城市滨水空间的环境品质，重现嘉兴市生态、文化、产业魅力。规划通过对嘉兴水脉、绿脉、文脉的梳理，在 15.45 平方公里的总规划面积内，从绿化、亮化、净化、文化、活化 5 个方面对"九水连心"滨水空间进行系统性整合提升，设立了生态性、文化性、人民性和时代性"四性和谐"的愿景目标。生态性的实现主要通过将先进的生态技术融入规划过程，强化水循环、水净化、水治理，打造生态岸线—生态湿地—景观湖—水下森林—生物栖息地生态循环和大型林湖湿地—小型生态湿地—河流廊道—低影响开发设施等水系净化系统，促进水环境治理与改善。文化性关注传统历史文化要素的传承和对现代文化的整合提升，通过复原老城"嘉禾八景"，以提炼每条河道的景观意象、界定文化风貌为向导，打造"一路亭台，两岸花堤"的特色诗画廊道，全面呈现"九水"特色（图5-49）。人民性的实现是通过完善沿线公共服务配套，如建设驿站码头、重点桥梁，强化步行及不同交通形式，整体激发活力，使人民的生活更美好。时代性的实现是通过打造现代江南城市风貌以及"九水、十八园、三十六景"景观意向开创"嘉兴园林赛苏杭"的新时代，达成"一年成型，三年成景，五年成势"的建设目标（图5-50）。

图5-48　嘉兴"九水"设计主题示意

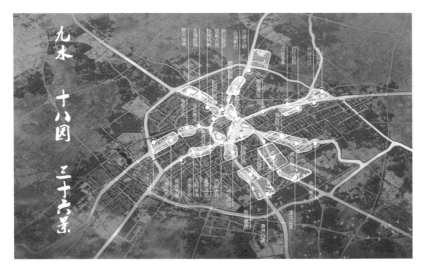

图5-49　"九水、十八园、三十六景"位置图

图5-50　"九水"规划策略及建设目标示意图

1. "一心两城"：布局延脉，承续新老空间及环境整体的发展

在功能结构方面构架"一心两城"发展框架（图 5-51），即在对嘉兴史境格局、特色优势资源、城市发展框架、区域快速交通等研究的基础上，兼顾历史文化名城的保护与发展，以古城和南湖为保护核心，打造南北两个新城发展引擎，新老城区通过南北向的主要水脉紧密连接，形成"新老融合、时空同构"的城市空间布局。

在嘉兴"一心两城"的城市发展大格局中，"一心"即古城与南湖，作为城市文化内核严格保护历史场所，传承红色文化，两条短轴串联了古城和南湖，彰显文化价值（图 5-52）。其中，古城重点打造古城轴线，串联壕股塔、子城、

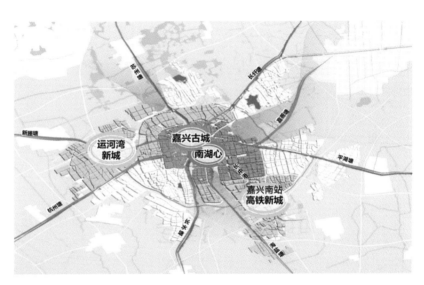

图 5-51　嘉兴"一心两城"空间布局图

图 5-52　嘉兴"一心双轴"示意图

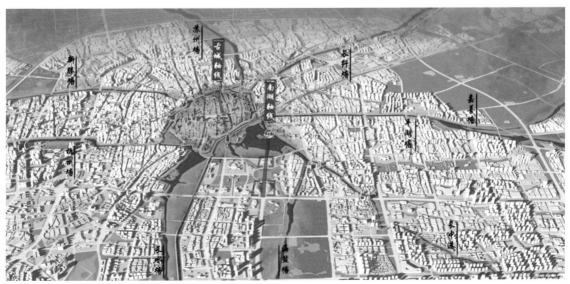

坪山公园、少年路等一系列重要文化节点，提高空间活力，打造诗画江南标杆形象。南湖轴线即营造一条传承城市文脉、彰显红色文化圣地的时代轴线——以南湖革命纪念馆为核心，北起南湖，南至中央大道，是一条集自然景观、文化纪念建筑、公共建筑群、城市开放空间、城市绿化走廊为一体的城市文化及生态主轴线。"一心"规划肩负着"嘉兴品质提升、创意水城江南、共建最佳人居环境"的使命，以期成为构筑长三角文化复兴与城市更新的新标杆，成为嘉兴打造高品质城市、推动高质量发展的重要载体。

嘉兴南站高铁新城以 TOD 模式为引领，发挥九大交通并联优势，打造未来枢纽新中心与面向长三角的，嘉兴浙沪新城，营造创新发展生态圈，以城水相融新江南、共同富裕新面貌建设面向嘉兴市的"创新嘉地"。

运河湾新城，以"创新灵秀地、生态运河湾"为主题，打造科技创新发展先导区、城乡一体融合发展示范区、运河水乡生态宜居城，发挥生态本底优势，推进产业更新，在功能结构上承续新老空间。

2. 圈层抬升：以形塑体，保护发展脉络对城市形态的管控

在城市整体形态上，运用高度控制方法塑造城市形态特色。规划在对城市形态特色、天际线控制、城市发展趋势、古城文脉保护等进行研究的基础上，整体把控城市格局和形态发展，促进不同尺度与时空的空间肌理和建（构）筑物高度的和谐共融，形成"圈层抬升"的形态策略（图 5-53）。在城市总师模式的指导下，利用城市更新，基于城市发展由古城中心逐层向外的空间特征，通过整体管控优化圈层抬升的形态趋势，对于整个城市在 175 平方公里范围内进行了空间形态的精细化把控，形成了以南湖和古城为保护核心、向外阶梯发展的空间特征，强化了城市天际线，塑造了城市形态特色，形成了 24 米、36 米、50 米和 80 米的建筑高度控制圈层，并在外围局部形成了100 米成簇的建筑组群。

3. 百园千泾：蓝绿筑底，秉承水绿江南对城市特色的彰显

通过城市更新行动，优化城市开放空间系统结构，保护城市尺度的蓝绿空间，秉承江南园林特色，以"九水连心"串联"百园千泾"，营造蓝绿空间，为城市发展增添特色，为城市生活增添活力。嘉兴中心城区以古城和南湖为核心，对内呈现明显的水网密布、水绿交融的江南特色，各类城市公园数量众多，且园林与居住呈现倚园而居、环园而居、枕园而居和拥园而居的和谐关系（图

5-54）。规划以水绿廊道为脊，绿网串联，构建嘉兴特色公园体系，打造嘉
兴大园林化品质城市，依托嘉兴水乡生境本底，打造"九水十湖百园千泾"的
生境特色，实现"嘉兴园林赛苏杭"的目标，突出"水绿江南"地方特色，形
成郊野公园、城市专类公园、综合公园、社区公园等多种类型公园，展现独具
魅力的水绿江南风貌。

图 5-53　嘉兴圈层抬升空间形态
图 5-54　嘉兴百园千泾空间特色

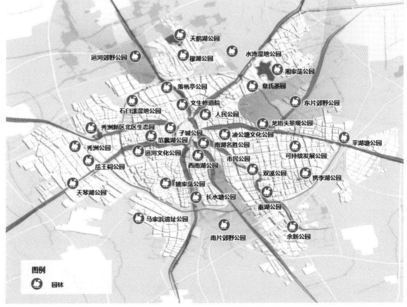

5.2.2 "1+1"嘉兴模式

1. 总师制度的基础体系构架

2021年，嘉兴市人民政府办公室发布了《嘉兴市人民政府办公室关于建立城市总规划师制度的若干意见（试行）》（下文简称《意见》），对嘉兴市建立城市总规划师制度的指导思想、基本原则、主要目标、选聘要求、管理模式、考核体系等做了明确规定。《意见》明确，城市总规划师由具有行业影响力且兼具学术水准和行政协调能力的领军人物领衔，组织多学科专业技术人员，集合各专业顶级专家，形成专业技术总师团队。城市总规划师作为城市规划建设管理领域的首席智囊，为党委政府决策提供专业技术支撑，协助主管部门实现科学管理。

总师制度是一种以城市总规划师为核心的规划管理体制，其体系构架主要包括城市总师、片区总师、社区规划师和乡村规划师等不同层级的规划管理人员。相关管理人员分别担负着不同层级的规划工作，相互配合协作，共同推进城市规划建设的实施。其中，城市总师是城市规划的最高级别负责人，需要具备高水平的城市规划专业知识和丰富的实践经验，能够统筹协调城市各方面的规划建设工作，推进城市可持续发展，负责城市总体规划的编制、审定和实施；片区总师是城市总师下属的负责人，需要具备相应的城市规划专业知识和实践经验，能够根据城市总体规划的要求，制定符合片区实际情况的规划方案，负责片区总体规划的编制、审定和实施；社区规划师是城市规划工作中的基层工作者，需要了解社区居民的需求和意愿，制定符合社区实际情况的规划方案，推动社区可持续发展，负责社区规划的编制、审定和实施；乡村规划师是负责农村规划工作的专业人员，需要了解农村地区的自然、经济和社会环境，制定符合乡村实际情况的规划方案，促进乡村可持续发展，负责乡村总体规划的编制、审定和实施。不同层级的规划管理人员在城市规划中扮演着不同的角色和职责，共同构成了城市总师制度的体系构架。城市总师需要协调各级规划师之间的工作，确保城市规划工作的协调性和整体性。同时，城市总师还需要对各级规划师进行指导和培训，以提高其规划水平和工作能力。

2. 总师制度的核心工作机制

总师模式是一个综合性的管理模式，它由具备丰富经验和前瞻性视野的总规划师领衔，将多学科、多专业的知识和力量整合在一起。这种模式的核心在于通过高层次的统筹协调，实现规划、建设和管理的全过程一体化，为地方行政决策提供持续的技术支撑和专业把关。总师模式强调的是伴随式支持，意味着从项目初期的规划设计阶段直到建设完成后的管理和运营阶段，总师团队都会全程参与，确保项目能够符合预定目标和标准，有效应对各种挑战。该模式具有"54321"的特点，即：5 大功能、4 个特征、3 个体系、2 个方法、1个制度（图 5-55）。

图 5-55　城市总师模式的"54321"特点

1）总师模式的 5 大功能

总师模式具有 5 大功能，即：规划构架、技术把关、多元平衡、技术协调以及社会宣教。该模式必须要在目标、要素和技术层面具有规划构架的功能，通过过程中的技术把关、决策流程中的多元主体平衡、各个专项技术的整合协调以及向社会大众的宣教，促成目标的实现。这 5 大功能的有机结合和协同作用，不仅能够确保项目从规划到实施都符合专业标准和社会期望，还能够在过程中实现技术创新和社会价值的最大化（图 5-56）。

图 5-56　总师模式的 5 大功能

2）总师模式的 4 个特征

总师模式具有 4 个特征，即：持续的规划研究平台、动态的管理实施平台、开放的资源整合平台、整体的城市发展平台。总师模式作为一种先进的项目管理和规划方法，其 4 大特征体现了总师模式独特的工作机制和管理理念，这些特征从根本上确保了总师模式能够高效地应对复杂的挑战，实现可持续的发展目标。

3）总师模式的 3 个体系

总师模式在技术层次上有 3 个体系，同时也是对"规—建—治"的统筹。一是整体性编制体系，要把握城市设计与国土空间规划层对应的系统编制，更要把城市设计作为一个研究和管理的平台；二是整体性管理体系，规划的落地要靠多个部门的落实；三是整体性实施体系，规划的实施过程是多个主体围绕规划目标的再创造。

4）总师模式的 2 个方法

城市总师模式具备两大运作特征，即"两端着力、中间管控"的规划管理特征和"横向到边、纵向到底"的实施管控特征，为现代城市发展提供了一个全新的规划和管理框架（图 5-57）。这一模式不仅强化了对城市规划的细致监督和高效执行，还确立了一个覆盖城市发展全周期的综合性管理体系。通过这两大特征，城市总师能够实现对城市空间布局、资源配置、环境保护和社会发展等方面的全方位、多层级的精准引导和高效管理。

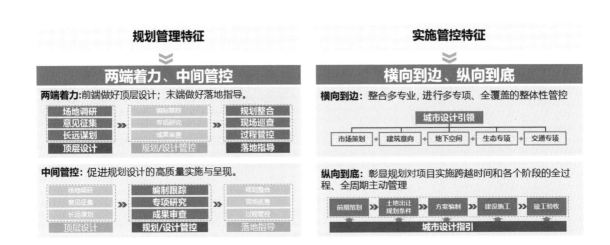

图 5-57　总师模式的 2 个方法

5）总师模式的 1 个制度

城市总师模式采用融合行政管理与技术管理的"1+1"制度，巧妙地结合了现代城市治理中的中国特色制度优势，创新了规划治理模式，旨在实现城市发展过程中的有效管控与高品质实施。这种制度不仅注重行政决策的权威性和效率性，还充分发挥了技术管理在城市规划和建设中的关键作用，通过两者的有机结合，提升了城市治理的整体性能和成果质量。

5.2.3　"九大板块"谋划"百年百项"工程

总师团队以"党的宗旨的体现""国家战略的落实""不忘初心的行动"为主要目标，以"生态文明""城乡融合""产业兴旺""文化传承""区域统筹""人民兴旺"为重点，围绕"九水连心""南湖周边风貌""城乡融合北部湖荡区""革命纪念轴线""江南慢享古城""人居环境综合整治""重走一大路""高铁新城""湘家荡科创园"九大板块工作目标和任务，形成百年百项项目库，全面谋划 106 项工作清单，逐步推进，稳步实施。

1. 嘉兴古城的保护重塑

　　嘉兴古名"槜李"，文脉发展可追溯至春秋时期，辟塞（嘉兴市区北端）是长水（运河嘉兴段前身）与陵水道的重要交汇点，其特殊的地理位置使其成为运河交通线上的重要节点。至三国吴大帝黄龙三年（224 年），"由拳野稻自生"，孙权改"由拳"为"禾兴"，并修筑子城，嘉兴基本上完成了从乡村集镇到城市雏形的转变过程。隋大业六年（610 年）开凿江南运河，完成我国南北大运河的沟通。嘉兴环城河以内及九水周边地区缓慢发展，嘉兴的经济开始逐步兴盛，城市建设逐步繁荣。至唐文德元年（888 年），嘉兴筑外城，称罗城，扩大了嘉兴城市的规模。吴越国时期，嘉兴城开始成为东南地区的政治、经济、军事重镇，城市规模基本形成。南北大运河的沟通，使嘉兴优越的自然条件得以充分利用，为农业生产创造了有利的条件。商贸的兴盛发展，促进了嘉兴商业和手工业的日趋兴盛，推进了嘉兴的城市化进程。至明宣德五年（1430 年），嘉兴府下辖七县，称"一府七县"，此后嘉兴府县格局基本奠定。新中国成立后，嘉兴城市老城区快速扩张并形成明显的圈层离散扩张趋势。

　　纵观嘉兴城市的发展轨迹，从辟塞到子城，从子城到罗城，从漕运到市镇的兴起，嘉兴因河而生、因河而兴，是古代江南地区不规则城市形制的杰出代表，是国家历史文化名城，（市本级）有全国重点文物保护单位 8 处、省级文物保护单位 20 处，运河环城总长 6.6 公里。嘉兴古城是以运河为主干的嘉兴水网体系的中心节点，历史上其内部河网纵横，拥有望吴门、春波门等多处水上门户，以城为核、以水为引，脉络清晰，呈现"城水相依、城门错位布局、十字短轴，府县同城"的时空特征。

　　在总师模式下，为进一步发展传承与保护城市公共历史资源的人文价值与社会价值，必须对重要的历史本底资源进行梳理以及针对性的保护，总师团队针对古城中轴线开展综合整治，利用考古式的方法进行有机更新，对历史建筑进行修缮和原真重现等（图 5-58）。根据嘉兴人文基因，通过年代分布、空间分布及密度分布三个维度的叠加分析，提出打造 3.4 平方公里"诗画嘉兴、慢享古城"重点文脉区域，谋划一条长约 2.6 公里的中央文化轴，传承传统营城智慧，重现嘉兴古城传统格局，以子城为基，南启南湖壕股塔，沿府南街到

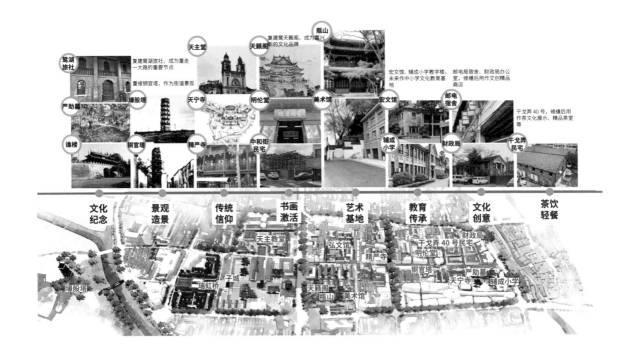

图 5-58　嘉兴古城中轴线文化资源分布图

子城，北抵月芦文杉（月河历史街区），东连红色一大路，西接城隍庙，形成前府后市、南延北联东引的总体空间形象。保留老城传统生活的鲜活样本和文化底蕴，同时促进传统文化展示、地方特色产品和文旅产品创新，提升活力、引领文化时尚风向，形成"最嘉兴、最潮流、最休闲、最深度"的嘉兴文化休闲穿越体验目的地。

嘉兴慢享古城中央文化轴规划从结构重塑、交通优化、风貌改造、文遗保护、城市更新和业态提升等方面开展古城的更新活化，在片区格局中，规划串联城市古城与南湖双轴，复兴城市历史与精神的文化符号，历史的轴线、运河的文化、水乡的风情、古迹的遗韵、革命的光辉和都市的风采都在此汇聚，整合具有城市人文特色的故事片段，将嘉兴的历史人文与时代精神共融，形成"中西合璧、古今交融"的新风貌（图 5-59）；通过"追古溯源、文脉彰显"承载嘉兴厚重的城市历史，重新梳理组织老城的文化脉络，打造前府后市，"一街九巷、两巷九弄"的古城文化格局；通过修复、改造、复建、织补、串联重要的文化节点，形成诗画嘉兴的文化中心（图 5-60）。

在总师模式下，确立了以"诗画嘉兴、慢享古城"为主题，在遵循嘉兴古城历史格局的基础上，依托传统街巷和历史建筑，通过"活化历史建筑、讲述城市故事""延续城市轴线、彰显城市精神""重塑历史街区、传承城市记忆"，

图 5-59　嘉兴古城文化中轴线鸟瞰图（上图）

图 5-60　嘉兴古城文化中轴线平面图（下图）

打造府前、府城和后市三大历史文化展示体验区，以更加多元适宜的技术集合活化老城区的历史文化氛围和场所，重点关注空间肌理保护、文化资源利用、历史场所营造等问题，通过适用技术筛选、专项技术整合、技术互通集成，实现整体性技术最优的效果，延续传统的城市功能和场所感，将鲜活的现代城市生活与历史人文建筑进行有机融合与活化（图 5-61）。重点把控实施少年路步行街、子城公园、子城客厅、府南街、天籁阁、铜官塔环境整治等一系列重点项目，达到真实呈现。活化历史遗存、盘活商业活力和公共服务

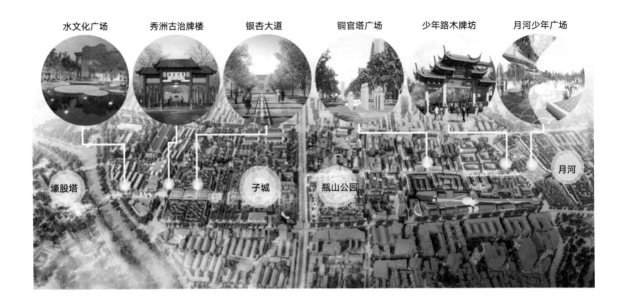

水文化广场　　秀洲古治牌楼　　银杏大道　　铜官塔广场　　少年路木牌坊　　月河少年广场

壕股塔　　　　　　　　　　子城　　　瓶山公园　　　　　　　　　　月河

资源，展示"点—线—面"三位一体的城市文脉。

图 5-61　嘉兴古城文化中轴线节点设计图

1）府南前广场

在嘉兴古城历史文化中轴线上，子城轴线是嘉兴城历史上最古老、最重要的城市轴线（图 5-62），承载着嘉兴城深厚的城市文化和发展历史，是嘉兴老城区最为重要的城市脉络之一。作为文化中轴线的府前开篇序章，子城遗址公园南侧的府南前广场是改造提升的核心区域，规划在空间上拉长历史轴线，复原牌坊（图 5-63），沿轴线布局并作为景观节点重点打造，传承嘉兴历史，重拾府南记忆，子城前的空间序列对应 1800 年的悠悠历史，再现"千年步道、梦回府南"的历史与现代纵深感（图 5-64）。

2）天主教堂

府城片区西侧为子城城市客厅片区，场地内保留有嘉兴天主教堂，是嘉兴中外文化碰撞的见证。嘉兴天主教堂位于子城遗址西侧，为哥特式拱形建筑群，1919 年由意大利籍神父韩日禄发起并主持兴建，1930 年竣工定名"圣母显灵堂"。主体建筑有教堂、钟楼，周围有神父楼、神职人员住房等建筑。2005 年其被公布为浙江省文物保护单位，是我国近代历史上规模最大、功能最齐全的天主教堂之一。2013 年，圣母显灵堂与嘉兴文生修道院合并公布为第七批全国重点保护单位（图 5-65）。教堂经过多次使用者变更，建筑损毁情况严重。修缮前仅存四周的外墙和南端的两个塔楼，屋顶部分已经全部灭失。整体而言，根据现状勘查与分析判定，该文物建筑在修缮前的保存情况极差。

图 5-62　嘉兴古城文化中轴线府
南前广场鸟瞰图（上图）

图 5-63　嘉兴古城文化中轴线府
南前广场牌坊效果图（中图）

图 5-64　嘉兴古城文化中轴线府
南前广场实景（下图）

　　在总师模式下，规划延续其与子城遗址的对话关系，在历史建筑中注
入新功能，以新旧对比凸显历史感与时代感。教堂周边展开大规模的嘉兴
子城城市客厅项目。圣母显灵堂地处城市客厅的核心区域，修缮后的圣母
显灵堂可以作为一处标志性的城市公共空间向社会开放，成为市民们可以
触摸历史、感受艺术的珍贵场所。圣母显灵堂的修缮延续天主教堂法式建

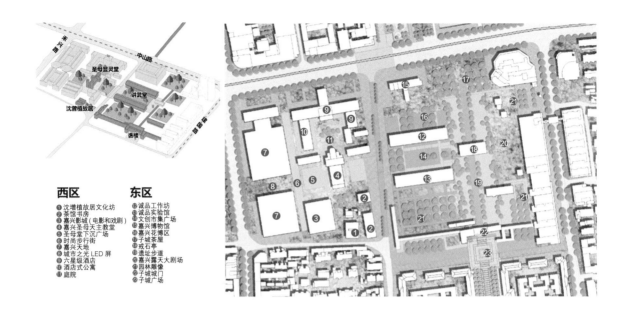

西区
①沈曾植故居文化坊
②茶馆书房
③嘉兴影城（电影和戏剧）
④嘉兴圣母天主教堂
⑤圣母堂下沉广场
⑥时尚步行街
⑦嘉兴天地
⑧城市之光 LED 屏
⑨六星级酒店
⑩酒店式公寓
⑪庭院

东区
⑮诚品工作坊
⑯诚品实验馆
⑰文创市集广场
⑱嘉兴博物馆
⑲嘉兴花博区
⑳子城茶屋
㉑戒石亭
㉒遗址步道
㉓嘉兴露天大剧场
㉔园林雕像
㉕子城城门
㉖子城广场

图 5-65　嘉兴古城文化中轴线天主教堂改造平面图

筑风格与意式建筑风格，规划意图结合良好的交通和区位优势，注入最新商业街模式，打造精品度假酒店，子城遗址与天主教堂从建筑风格和功能业态上，形成东西两侧一新一旧的文化碰撞，激发城市片区活力，凸显嘉兴城市文化魅力（图 5-66）。

3）子城

　　嘉兴子城是嘉兴历史文化名城的核心文化遗产。嘉兴子城位于嘉兴老城的核心地带，是嘉兴"州府城市、运河枢纽城市、近现代工业城市、历史城市特色兼具"的重要体现（图 5-67）。从三国时期至清代，子城均为嘉兴（秀州）州、郡、府、军、路治所所在地，位于罗城中心偏东南区域，长期作为城市中心，其建立的内外双重城的城市格局对嘉兴城市发展的影响延续至今。嘉兴府城现存子城谯楼及东西两侧城墙为清光绪三十四年（1908 年）重修，是浙江省现存城墙上唯一的古城楼，是古城重要的文脉记忆。方志中关于嘉兴子城宋代建筑的记载并不详尽，团队结合明清时期子城建筑布局，参照临安府、平江府、严州府等宋代子城格局特征，对宋代嘉兴子城格局进行推测。由历史资料可知，宋代各地子城格局虽各有差异，但中轴线府治空间建筑格局遵循定制。除长官治所外，子城内还设有长官宅圃、府库、其他官吏廨署以及军事场地等。1981 年，子城公布为嘉兴市市级文物保护单位，保护范围南至府前街道路边、北至中山路道路边线、西至紫阳街道路边线、东至洲东湾（建国南路）道路边线，面积约 7.57 万平方米。2005 年，嘉兴子城被列为第五批省级文物保护单位。2010 年公布子城保护范围及建设控制地带，

图 5-66　嘉兴古城文化中轴线天主教堂实景（上图）

图 5-67　嘉兴古城文化中轴线子城遗址公园规划鸟瞰图（下图）

保护范围包括谯楼及两翼城墙。子城范围内另保存有民国时期日伪政府建造的绥靖司令部营房 4 幢，为日式建筑。2015 年，嘉兴子城考古发掘发现了嘉兴城最早的城垣和五代至明清时期子城中轴线衙署建筑大范围遗迹，被学术界、考古界认定为"国内罕见的、格局保存基本完好的州府子城衙署遗址"。2017 年 2 月，嘉兴子城遗址与第五批省级文保单位嘉兴子城合并被公布为第七批省级文物保护单位（图 5-68）。

　　在总师模式下，嘉兴子城遗址公园设计从历史研究出发，对五代至明清时期嘉兴子城的历史格局、功能分布和建筑修建情况进行考证，探究嘉兴子城的历代演变过程。以考古遗址的保护为基础，根据遗址现存情况、展示价值、历

图 5-68　嘉兴古城文化中轴线子城遗址公园实景

史资料等综合因素进行建设，结合现代城市发展需求，对子城的现存情况和周边环境进行评估，形成对其价值的综合评定，将"遗址保护、文化展示、经济收益、城市活力"4 个方面作为嘉兴子城遗址公园的总体设计目标，在考古遗址保护与展示、保留建筑修缮与利用、景观环境空间塑造和展示陈列设计等方面进行重点设计（图 5-69）。

总师团队在考古遗址保护与展示中以"延续子城历史格局、展示子城历史演变"为基本策略，坚持"考古式修复""最小干预"的原则，以多项优技术集合，如地球物理勘探及化学分析技术、X 射线计算机断层扫描技术、计算机三维建模技术、数字图像修复技术、快速原型技术等，开展考古式挖掘，再现城墙、谯楼、甬道建筑等文化遗址原貌，恢复了谯楼南侧清水城墙立面。根据历史照片及补勘恢复了 3、4 号营房基本格局以及仪门、大堂、二堂、东南城墙等遗址，并对它们进行重点保护与展示，以此展现嘉兴子城古代衙署规制，延续城市历史底蕴（图 5-70）。

创新文化读取及展示方法，在历史的厚重中增添科技活力。将子城内部遗留的营房建筑作为游客服务、文化展示、子城展览等功能空间，结合考古发掘计划，设置室外公众考古、历史展示、休闲游憩等公共活动场所。在展陈设计上采用 AR、VR 技术展示历史场景，利用换装互动体验、VR 虚拟考古等智慧导览手段，通过多层次的信息解读、场景化的历史还原、艺术性的表达形式，展示嘉兴子城的悠久历史与文化价值，融合历史体验、科研教育、文化交流、休闲游憩等多种功能以丰富观展体验。

图 5-69　子城遗址公园实景一

4）少年路

　　少年路片区（后市片区）位于嘉兴文化中轴线的北部，始于元初时期，为子城北外驿巷，自古是嘉兴老城传统商业中心，凝聚中小型精品商业、嘉兴百年老字号等业态。片区文化资源丰富，历史古迹密集，有明伦堂、宏文馆等文化遗存，亦有东西两巷九弄的街巷网络，是嘉兴老城市井文脉的重要见证，是传承和培育嘉兴文脉原生性基因的重要区域。在总师模式下，通过对嘉兴少年路步行街区的现状特征进行分析，提出"一轴穿越古城千年，文化描绘街区画卷，若水行舟红色记忆，文兴商盛城市客厅，创新传承禾城文脉，诗画江南国

图 5-70　子城遗址公园实景二

际展示"的设计愿景。以"中西合璧，古今交融"为规划原则，通过文脉植入重塑历史街区，展现嘉兴特色，焕活人文活力，延续老城历史，传承城市记忆。结合区域内自然、地理、政治、社会、经济等环境嬗变和时代变迁的综合作用，对标世界级步行街，打造具有地域性、时代性的综合活化文化遗产新形态。同时，通过建筑改造与业态混合提高街区活力，对场地景观进行设计，打造多元空间体验与多样性的公共空间，并运用"5G+"智能技术引领未来科技，展现高科技与时尚风标（图 5-71）。

　　总师团队提出"拆危—提升—显文—复建"的策略，延续古城后市片区"一街两巷、九弄七里"的整体街巷空间结构，焕新城市风貌、活化文化资源。以历史建筑为重要节点，拆除整理主要区域内危旧建筑，逐步提升现状建筑风貌品质。打通街巷网络，并结合文化资源建设公共空间及文化地标，构建文化焦点空间体系。开展沿街建筑改造和重点区域补充新建，实现少年路片区完整空间系统的构建。重点打造"一街"（少年路中轴），导入"体验＋目的地"型商业，集聚中小型精品商业、嘉兴百年老字号等，打造潮流与复古并重的消费目的地。东西两条纵向共享街巷，串联文保建筑、历史街区，打造文旅风情"两巷"街巷。"九弄"即对9条东西向街开展整体提升，打造主题特色"慢商业"。鸳湖里、瓶山里（天籁里）、宏文里、精严里、明伦里、平家里、华庭里共"七里"，结合重要文保单位风貌，打造民国风貌特色街区、现代江南风貌街区，

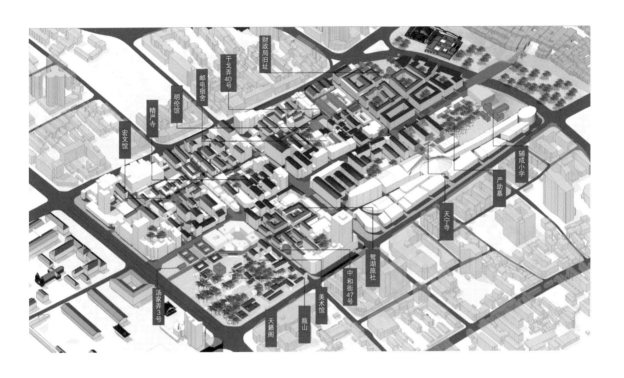

财政局旧址

干戈弄40号

邮电宿舍

明伦馆

精严寺

宏文馆

辅成小学

严助墓

天宁寺

鸳湖旅社

汤家弄3号

中和街47号

美术馆

天籁阁

瓶山

图 5-71　嘉兴古城文化中轴线少年路文化资源分布图

使历史风貌与现代元素特点有机结合，导入体验购物、休闲娱乐、餐饮、民宿、文化等全业态链条（图 5-72）。

少年路片区在空间风貌上，采用现代中式、民国风情和精品未来结合的方式，丰富活化沿街商铺业态，融合传统品牌、潮流业态，重塑文化 IP，打造"时尚传统融合场""快慢交融共生所""文化基因再生点""城市事件发生地"的嘉兴城市客厅。在业态选择上，首先，发挥老字号品牌优势，推动产品迭代，推出创新产品，同时引入一线快时尚品牌，增加大品牌旗舰店，充分利用旗舰集聚效应带动商业发展，利用古今交融的业态激发年轻人消费活力。其次，导入购物体验、休闲娱乐、网红餐饮、文化民宿等多元业态，构建快慢复合的多类型业态空间。进而，挖掘嘉兴历史文化基因，将海宁皮影戏、硖石灯彩、平湖派琵琶艺术等融入街区，打造沉浸式体验活动。此外，定期引入城市级文化活动，激发街区活力，将街区打造为代表城市文化、艺术风貌的城市客厅，最终实现复兴商业中心、传承城市记忆、重塑城市文脉、展现市井嘉兴的更新愿景（图 5-73）。

在总师模式下，团队以传承城市记忆为总体目标，深入研究历史文脉记载，通过营造历史场所氛围，依托科学和灵活的手法增加历史文脉可读性。铜官塔始建于五代或北宋，清光绪三十年（1904 年）重修，于 1966 年拆除。原铜官塔为宋代风格砖塔，高十余米，八面七级仿木楼阁式，底层设须弥座，以上

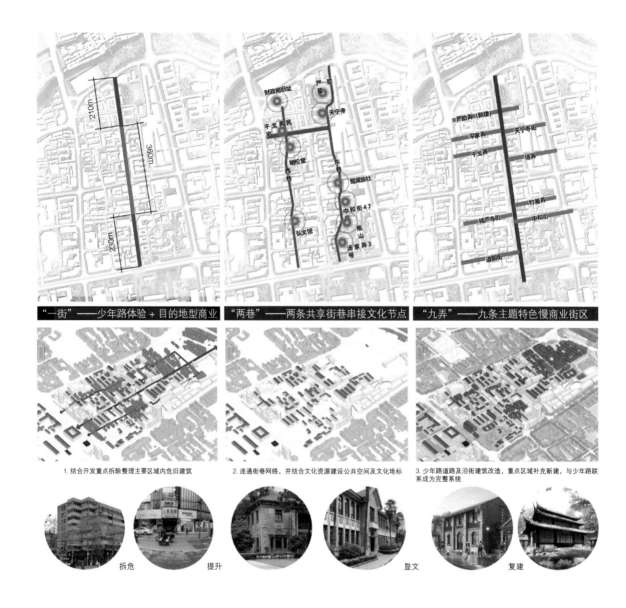

"一街"——少年路体验+目的地型商业　　"两巷"——两条共享街巷串接文化节点　　"九弄"——九条主题特色慢商业街区

1. 结合开发重点拆除整理主要区域内危旧建筑　　2. 连通街巷网络，并结合文化资源建设公共空间及文化地标　　3. 少年路道路及沿街建筑改造，重点区域补充新建，与少年路联系成为完整系统

拆危　　提升　　显文　　复建

图 5-72　重塑历史街区规划策略（以嘉兴古城文化中轴线少年路规划为例）

各层设平坐、腰檐、勾栏。每面设有壶门、直棂窗。嘉兴铜官塔重建方案选取铜作为建筑材料，选址位于少年路步行街中央，与步行街较为融合，并可结合灯光秀成为地标，以重塑历史街区、焕发人文活力（图5-74）。以铜作为材料，可规避砖石塔因材料产生的结构局限，可使复原塔的出檐更加深远，塔的形态更加优美。

5）月河老街

月河历史街区是嘉兴市市区现存最完整、规模最大、最能反映江南水乡城市居住特色和文化特色的区域之一，因"水弯曲抱城如月"而得名，具有保存完好的鱼骨状里弄布局和水乡古镇遗存。在总师模式下，通过原真性保护和可识别性手段修复月河历史街区的空间肌理、水乡建筑风貌与色彩、文化遗迹，保护和再现月河老街古建筑与旧街巷地理特征以及古镇典型的人文历史。针对月河历史街区的建筑风貌，强调延续江南古镇风韵，保持白墙青瓦木屋，保留传统山墙（马头墙、硬山墙等）和屋（甘蔗脊、纹头脊等）等建筑细节，原貌修缮保留仿古建筑、古城墙、古城门等遗迹，保留江南民居排门、格窗和具有朴实风格的纸筋石灰墙等。

2. 红色路线的时代传承

　　红色文化是嘉兴历史文化名城最重要的文化名片。规划团队围绕"不忘初心地"和"走新时代路"的主题，在深入挖掘历史文化、展现风貌特色的基础

图 5-73　嘉兴古城文化中轴线少年路节点效果图（上图）

图 5-74　嘉兴古城文化中轴线少年路铜官塔设计图及实景（下图）

上，精心打造嘉兴"红色文化"特色品牌，进一步彰显江南水乡城市魅力风采，充分发挥中共"一大"南湖会议重要节点等特色文旅资源优势，传承红色基因和彰显红色文化内涵。红色文化的旅游融合是一项重要的文化工程，也是经济工程、教育工程、政治工程。在规划建设和旅游目的地运营的过程中，需要时刻注意维护红色文化的严肃性、纯洁性，高标准、高水平地展开规划设计工作，避免因粗制滥造将红色文化庸俗化，不可因追求经济利益使红色文化商业化，时刻强调红色文化同旅游融合发展相关工作的历史意义，突出使命感、荣誉感。

在总师模式下，通过整体性把控规划目标、技术性指导规划实施等方法，以高起点定位、高水平规划、高标准建设、高强度推进为基本原则，以城记事，通过路径重现的方式，结合体验式设计理念，打造嘉兴"重走一大路"项目。以复建的嘉兴火车站老站房为起点，连接宣公弄、狮子汇渡口、鸳湖旅社及汤家弄，延伸至兰溪会馆，以鸳湖旅馆为终点，串接革命事件、斗争路线以及嘉兴古城的历史各个片段。同时，在整体片区提升上，以"重走一大路"的城市规划建设为契机，对于沿线片区，特别是嘉兴老城区内部的人居环境进行综合提升，体现"重走一大路"红色文旅线建设对于民生的引领作用。面对多主体对象统筹、多团队技术整合、多文化节点和多要素集聚、多类型风貌协调、多功能空间属性、多效能集聚发挥等难点，总师模式通过规划管理的整体性发挥统筹协调作用，以整体性把控规划目标、整合规划编制，开展技术审查、技术协调、技术性指导规划实施等规划管理方式，促进线性文化空间的多效能发挥，将"重走一大路"项目打造成嘉兴历史文化名城中最核心、最精彩的篇章，成为阅读红色文化的一张"金名片"，促进身份彰显。

总师团队在"重走一大路"项目中把握嘉兴的地域特质、优势特色以及资源要素，将旅游规划与主要旅游目的地所在的城市空间深度衔接，形成了以红色文化资源为基础、以"中共一大"历史事件为主题的新时代"重走一大路"项目。基于红色文化同旅游融合发展的思路，旨在打造国内5A级红色景区，建设红色文化旅游标杆，引领文商展一体化发展（图5-75）。"重走一大路"路线总长2.5公里，以展现当地特色、满足使用需求、降低改造影响为改造原则，因地制宜体现城市分区空间结构的发展目标，修复建筑外观，使历史空间与现实空间融合、红色文化同地理空间融合。

红色文旅的载体融合，是将具有红色文化底蕴的相关产业进行外延，融合城市功能和各类生产、经济活动，走向红色文化资源价值挖掘的内涵型发展模

① 嘉兴火车站

嘉兴站老站房复建　　嘉兴站北广场

遵循历史资料对老站房进行 1∶1 复原；主要交通和商业功能收置于地下，新站房引入自然光，明亮高效，尺度宜人舒适；地面腾出大量的公共空间，将自然还给市民和旅客，是"森林中的火车站"。

③ 狮子汇渡口

狮子汇渡口　　1921　　春波门

"中共一大南湖会议渡口旧址"的红色圣地。1921 年参加中共"一大"会议的代表就是从这里登上渡船到湖心，再从湖心转登游船，在游船中庄严宣告中国共产党的诞生。

④ 大年堂

北院修复

传统民居本着修旧如旧的原则，注重保护其历史风貌，追寻保留 1921 年的时代记忆，大年堂往西府东街沿线的建筑，整体改造风格与大年堂片区协调，体现秀美的江南风韵。

⑤ 鸳湖旅社

一鸳湖旅社　　铜钉LOGO

1921 年，部分中共一大代表在嘉兴南湖开会前曾在鸳湖旅社歇脚。鸳湖旅社现改造为能满足居住功能的展示纪念建筑，建筑布局按照历史建筑复原，共计两层。

② 宣公型

宣公祠　　炮楼　　宣公弄

宣公弄

东至中房大楼、炮楼，南至铁路，西至环城河，北至城东路，占地面积约 34 亩，建筑面积约 14161 平方米（修缮历史及文保建筑 5 幢，面积约 3776 平方米），新建宣公祠、宣公书院，车站港河实施景观河改造。

地图标注说明：

❶嘉兴火车站广场及站台房区域改扩建
❷嘉兴火车站宣公弄片区域提升
❸狮子汇渡口及周边环境提升
❹府东街、大年堂改造
❺鸳湖旅社及汤家弄 3 号重建工程

图 5-75　嘉兴新时代重走一大路路线图

式。新时代"重走一大路"规划对沿线片区的基础设施进行了改造，包括以"森林中的火车站"为主题的嘉兴火车站站房扩改建工程、建国街沿线原有建筑立面修复提升工程与狮子汇渡口遗址公园重建工程等，将城市游憩空间同旅游融合，提升城市生活的舒适度和幸福感。基于载体融合，市民及游客可在古城墙公园内休憩，了解嘉兴古城的发展与变化，也可登上城墙远眺，感受历史视角下的江南水乡文化。其将城市现有景观空间、功能节点等内容，同旅游载体灵活地融合起来，服务于整个嘉兴的红色文旅。在新时代"重走一大路"规划中，建设了由铜条与红砖作为引铜钉来标记节点的"初心之路"。以红砖和 14 枚铜带串联，形成精品旅游线路，纪念追溯中国共产党的首创、奉献、奋斗的"红船精神"。将中共一大代表的活动路线，重新以显性状态书写在大地上，让人民群众在游览时能够直观感受红色文化，实现文化与旅游产品的融合。

1）森林中的火车站

嘉兴火车站位于嘉兴南湖区的核心，初建于 1907 年，于 1909 年投入使用，是当时沪杭线上重要的交通枢纽，也是 1921 年中共一大召开的重要历史见证，但于 1937 年被日军炸毁。总师团队为了遵照老站房历史原貌进行 1∶1 的复建，特别邀请了古建专家、学者、顾问，合力对大量历史资料进行分析和数字复原，同时根据轨距并利用透视原理推导雨棚、天桥、月台站房之间的关系和尺寸，重现历史站台雨棚及天桥。紧贴着复建站房的是新站房的"漂浮"金属屋顶。新站房的进出站平台和候车大厅均位于地下，地上仅消隐为一层高，尊重老站房的尺度，并"谦虚"呼应。为了打造尺度亲和、细节人性化、视觉整洁、出行体验舒适的高品质新站房，室内整体设计为白色极简风格，从多方面突破了国内火车站固有的标准化模式。此次改扩建工程是嘉兴迎接中国共产党成立100周年的重要项目之一，于2020年6月23日开工，2021年6月25日启用通车，站体设计为地面一层、地下多层，是我国首个全下沉式火车站（图5-76）。

新站房的屋顶全部使用太阳能光伏板，投产后预计年发电量110万千瓦时，相当于每年减排约1000吨二氧化碳。改造后的火车站由原来的3台5线扩大至3台6线，上下行正线各设2条到发线。预计到2025年，嘉兴火车站全面客运量将达到528万人/年，客运高峰时每小时可容纳2500人左右。在总师模式下改造后的嘉兴火车站，或将给我国的城市建设带来转折性的启发意义（图5-77）。

2）狮子汇渡口

狮子汇渡口改造工程位于嘉兴市主城区环城东路宣公桥地区。"狮子汇"为渡口名，是新时代"重走一大路"工程中的一个重要节点，主要改造内容为设立旧址纪念碑、春波门城墙复建、瓮城遗址展示、伟人群雕抬升及周边景观提升。在总师模式下，设计以国际化视野、精细化品质，实行设计施工全过程管理模式。狮子汇渡口作为共产党的诞生地，是一处参观频率较高、来访人数较多但品质却很低的场所。基础设施残旧，场地流线及景观品质与地块属性不符。设计师重新规划场地布局，改变人们对于一般红色游览地的刻板观念，希望该地块作为城市公园的一部分，为市民提供完善、舒适的使用功能，同时设置了一定规模的参观停留广场，融入包含文化元素的特色铺装，增设驿站、茶室、公共卫生间，优化现有码头。

为了纪念1921年伟人在狮子汇渡口上船的场景，总师团队特别邀请古建专家、文化专家、当地学者，查阅大量文史资料、古地图记载及地方志书籍，经过专家多方考证确定旧址位置，设立旧址纪念碑。在考证出狮子汇渡口同时也是嘉兴老城区的东城门"春波门"所在地之后，提出以1：1比例复建"春波门"城墙。春波门为嘉兴古城四门之一的东门，参考古城资料最终确认城墙的长度为78米、高度为7.7米。塔楼高度为7.2米，底层面积为92平方米、二层面积为38平方米。陆门高5.2米、宽3.5米，水门高5.2米、宽4.25米。城墙底部为三层金山石，上为城墙砖，城墙砖尺寸为360毫米x170毫米x80毫米（图5-78）。设计师在城墙的谯楼室内设置展陈，用现代化的方式科普、宣传嘉兴的城市历史和文化（图5-79）。

1909 年的车站

1：1 复建的老站房

1914 年的车站（推测）

重现历史天桥

1937 年车站被炸毁

图 5-76　森林中的火车站节点改
造图（上图）

图 5-77　森林中的火车站鸟瞰图
（右图）

❶ 北候车大厅
❷ 南候车大厅
❸ 公交首末站
❹ 地铁站
❺ 有轨电车站
❻ 地下进站口
❼ 人民公园

2020 年 6 月省市文物部门在此区域进行勘探，发现了始建于元末明初的嘉兴罗城（与子城对应的外城 / 大城）东门瓮城遗址，这是嘉兴首次发现的罗城遗址。设计对遗址城墙进行保护性展示，以合理布局、尊重历史、重现场景为整体思路，将地下展示融合于场地中。瓮城遗址展示面为玻璃地面，面积 48 平方米。城墙基础宽约 1 米，外包面基础长约 10 米，内包面基础长约 4 米。基础立面均由条石错缝砌筑，内侧由石块和青砖堆砌填充。

图 5-78　春波门鸟瞰图（上图左）

图 5-79　春波门实景（上图右）

改造前的狮子汇渡口中共一大代表群雕破损严重，原有参观场地已无法与其重要地位相匹配。为增加伟人群雕的庄重感，对雕塑进行整体品质提升，高度抬高 0.6 米，并对雕塑进行修复。改造后的狮子汇渡口，是按照 5A 级景区标准进行打造的，成为嘉兴老城区一处重要的古城遗迹与红色记忆综合性地标景观（图 5-80、图 5-81），同时也是"中共一大南湖会议渡口旧址"的红色圣地。市民及游客可在古城墙公园内休憩游览，了解这座古城的发展与变化，也可登上城墙远眺，感受江南水乡文化。

图 5-80　狮子汇渡口效果图（下图左）

图 5-81　狮子汇渡口实景（下图右）

3）鸳湖旅社

鸳湖旅社建于民国初年，旧址在当年城中心的张家弄寄园外（即现在的勤

俭路中段人民剧院）。旅馆系三楹二进砖木结构楼房，砖砌墙面，线缝镶红砖。居中为两扇大门，门柱圆柱形，两侧为窗户，大门与窗户均为砖砌，拱券中为天井，装有玻璃天棚。后楼房有廊道，木制栏杆，前后相通（图 5-82）。

图 5-82　鸳湖旅社效果图

　　总师团队将该项目规划为鸳湖旅社重建工程，关于鸳湖旅社的建筑特征，并无具体图片及文字记载。南湖革命纪念馆曾进行多方调查，收集到一些线索：鸳湖旅社是当年嘉兴城内比较考究的客栈，房屋为砖木结构的两层楼，共有前后两进，每进三间，中心区域是铺了方砖的天井，顶部罩了玻璃天窗。围着天井，楼上和楼下各有一圈走廊，客房用"福""禄""寿""禧"等依次编号。项目按照原建筑空间布局复原。中间设置天井，前后两进围绕天井布置每进三间房间，使用功能为纪念建筑。总建筑面积 475 平方米，地上二层，主体建筑高度 9.195 米。鸳湖旅社北侧与西侧设有市政道路，沿北侧竹禽弄设置主要人行出入口，并设置入口广场。另沿东西两侧设置次入口，方便与两侧旅馆和文创工作室联系。同时，在东侧设置临时停车场地，南侧以临时绿地和休闲广场为主。建筑以青瓦、墙砖和红色栏杆为主，其形体布局具有明显的江南水乡里巷、古香风韵的特点；景观运用现代设计手法，结合建筑形态及色调，从铺装、空间节点等细节入手，同时突出街巷典雅古朴、静谧雅致的风格。利用线性铺装的强烈指引性，把红色文化融合于铺装中，结合特色地面镂刻钢板，让红色记忆沿着铺装缓缓展开，使参观者能够重温先辈的革命历程，秉承精神，砥砺前行（图 5-83）。

图 5-83　鸳湖旅社实景

4）铜钉铜带

新时代"重走一大路"规划的详细方案中，以铜条与红砖为引，结合历史事件、场景和人物精神设置原址铜钉、叙事铜钉、红船精神铜钉和重要景点铜钉，并沿路在线路转折处设置引导性铜钉，用以串联整条"初心之路"，彰显中国共产党的创新精神。以铜钉为节点串联的"初心之路"和其沿线片区基础设施以改造为重点（图 5-84）。在"初心之路"的设计中，点状分布着 22 处铜钉，分别是：5 处原址铜钉——火车站旧址、宣公桥原址、狮子汇旧址、鸳湖旅社旧址、汤家弄旧址，3 处表达红船精神铜钉——位于建国路上的两处"首创""奋斗"和鸳湖旅社区的"奉献"，以及贯穿整个线路散布着的 6 处叙事性铜钉——开天辟地、扬帆起航、立党为公、幸福之路、执政为民、时代变迁，8 处重要景点铜钉——1921 时光长廊、老故事展馆、历史民居、宣公祠、新宣公桥、子城、瓶山公园、灵光井；再由铜条加两侧红色 95 砖立铺，串联 22 处铜钉作为整个"重走一大路"的导向和指引。此次"初心之路"的设计重现了当年中共一大代表在嘉兴的活动线路，在嘉兴形成一条红色旅游精品线，以此纪念和追溯党的首创、奉献、奋斗的红船精神。

3. 南湖轴线的古今延续

在总师模式下，对于南湖纪念馆轴线及南湖周边的整治充分尊重了自然及城市历史肌理，遵循城市发展脉络，通过整合区域资源，完善区域生态及空间资源。嘉兴府子城轴线是嘉兴城历史上最古老、最重要的城市轴线，承载着嘉兴城深厚的城市文化和发展历史，是嘉兴老城区最为重要的城市脉络之一（图

5-85）。嘉兴作为中国共产党的诞生地与红船精神的发源地，承载着文化传承、
展示与输出的重要使命。红色文化圣地革命纪念馆位于城市正中心，与南湖心、
红船、南湖水岸、七一广场、体育馆等集聚在"九水归心"之处，是红船精神

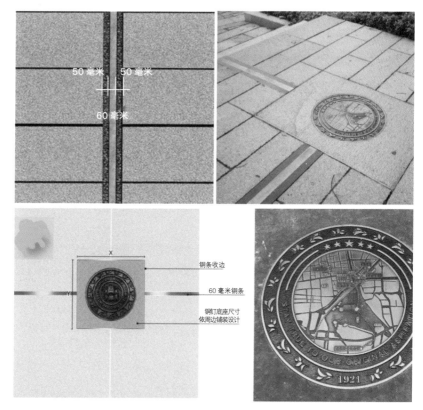

图 5-84　铜钉铜带设计图及实景

图 5-85　嘉兴南湖革命纪念馆轴
线分析图

的起源和象征，对嘉兴具有重要的历史意义，代表着嘉兴敢为人先的首创精神。总师团队助力打造嘉兴南湖轴线，串联南湖湖心岛、中共一大南湖红船、南湖革命纪念馆、七一广场和人民广场等重要节点，明确以人民为中心的功能定位，践行"人民城市为人民"的理念，提升公共开放空间、滨水空间、公共配套设施的品质及联系，重点突出南湖革命纪念馆的主体地位，营造绿色、生态、可持续的区域生态环境，打造嘉兴最为重要的城市精神象征。

中轴线详细城市设计借鉴经典城市布局的公共开放空间特色，打造开放包容的城市公共区域，营造城市核心区，将公共空间还于市民，将城市重大公共活动与主题特色活动引入核心区，形成开启嘉兴市新的历史机遇期的重要节点；同时也对区域内的新建建筑及建筑改造设计、市政道路交通建设及改造设计、景观绿化建设及改造设计、夜景泛光照明建设及改造设计等内容提出设计指引和标准要求。最终，以中轴线展现嘉兴"九水间、南湖畔、百年圆梦忆红船"的景象，将南湖革命纪念馆区域打造成"红船肇始、嘉禾宜居"的文化景观绿核。在规划目标与设计理念的指引下，通过南湖将古城轴线与南湖纪念馆轴线连接在一起，实现"九水连心"的整体架构。

南湖轴线中最重要的是体育中心的改造，现状体育场南北看台阻碍城市视觉通廊，体育场向心封闭，罩棚体量巨大，建筑形式与南湖革命纪念馆形成鲜明对比。因此，嘉兴城市总师团队在把控全域城市风貌特色的基础上，对现状体育场进行改造，去除罩棚，压低空间，打通南北部看台，将轴线序列上的建筑与广场空间重新整合，形成和谐统一的一组空间。

体育中心改造提升遵循"以人民为中心"的功能定位，集政务服务中心、规划展示中心、文化艺术长廊、游客（市民）服务中心于一体，丰富全民健身与嘉年华、文艺演出等全时段业态，打造多元的、活跃的、积极的城市中心（图5-86）。保留草坪、跑道、看台等设施，提升供市民健身活动与休闲的功能。完善场地、看台、座椅及配套设施，满足大型文艺演出以及嘉年华活动等需求。采用生态为先、节约集约、最小干预的改造策略，保留原建筑结构，适度改造，建筑材料、建筑构件可循环利用，尽可能保留城市记忆，采用生态技术措施将改造建筑打造成为生态型、节能型、可持续型绿色建筑。打通南北首层看台，形成由南湖大道至革命纪念馆的开敞城市公共空间，延续我国传统空间序列。抽取革命纪念馆设计元素，改造建筑立面，使体育中心在形式与材质上与纪念馆遥相呼应。打造嘉兴特有的礼乐相宜的复合城市公共空间（图5-87）。

4. 工业遗产的活化利用

　　南湖是嘉兴的客厅与核心场所，南湖周边提升的重要目标就是要将南湖重塑为高质量的公共空间，使更多的市民能体验到南湖风光与文化积淀。南湖天

图 5-86 　嘉兴体育中心改造平面图（上图）

图 5-87 　嘉兴体育中心改造鸟瞰图（下图）

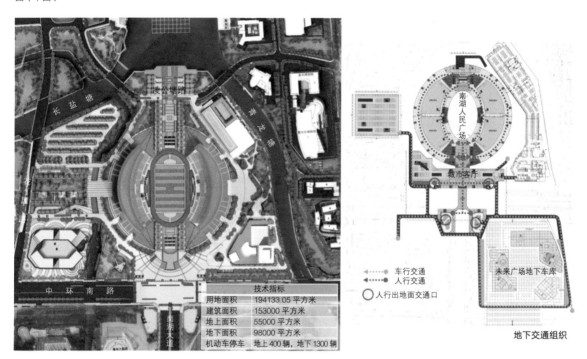

技术指标	
用地面积	194133.05 平方米
建筑面积	153000 平方米
地上面积	55000 平方米
地下面积	98000 平方米
机动车停车	地上 400 辆，地下 1300 辆

地是其中的重要活力引擎，位于嘉兴市南湖湖滨片区，紧邻中共一大会址，拥有丰富的自然景观和历史人文景观，现存众多历史文化保护建筑，有象征中国初期民族资本、近现代留存最早的工业建筑绢纺厂及仓库以及早期留存的幼儿园与南湖书院等，是城市文化脉络的重要线索，历经城市发展多轮规划，也是嘉兴城市中心区域有机更新最重要的区域。

在总师模式下，通过对南湖周边地区的本底规划研究，恢复南湖周边繁荣活力，对工业遗产和老旧社区进行有机更新，结合绢纺厂、南湖中学、南湖革命纪念馆、红船及烟雨楼、老码头、南湖水塔等在地保护建筑，打造休闲、商业、娱乐、工业遗产保护等功能混合的"南湖天地"城市客厅。在尊重场地城市肌理、保留原有风貌的基础上，以保护复建历史建筑为核心，延续对沉浸空间场景设计与城市关系的探索，将独特的嘉兴南湖元素变形运用于空间设计中，打造集艺术品味、潮流时尚、旅游休闲于一体的体验式开放商业街区，生动地赋予城市历史文化公共空间互动性与艺术性，从而创造空间更大的价值和新的生机。项目策划"文化商业路线""初心生活路线""历史工业路线"三条场域主题，将文化、历史整合入现代城市商业与休闲旅游场景，营造生动的空间记忆节点，致敬历史，承启未来。

同时，在对嘉兴城市风貌特色的整体把控与协调下，对南湖周边地区的建筑高度进行统筹，以南湖湖心岛为核心，半径 500 米范围内的建筑限高为 9 米，其他建筑限高则为 12 米，保证了南湖天地的建筑风貌与中心城区的城市风貌协调统一（图 5-88）。

南湖周边地区的规划设计以嘉绢纱厂为核心，以南湖书院和南湖革命纪念馆为重要节点，结合南湖广场、迎宾广场和滨水花园等开敞空间，依托延伸的城市绿带，形成"一芯两核、六大团组"的空间结构，将历史传承与在地性融入现代建筑体系中，打造漫步式先锋生活空间。其中，党建广场联通南湖革命纪念馆、鸳湖旅社、古牌坊渡头 3 个重要文化建筑，打造区域党建焦点，成为"重走一大路"南湖段的门户空间。"鸳湖里弄"以高端餐饮、特色酒店为主要业态，建筑围合成不同尺度的里弄、街巷与广场空间，以露天廊桥连接形成丰富多变的空间体系。"嘉绢印象"将绢纺厂转化为综合购物中心，保留传统建筑形态，通过艺术空间、国潮品牌旗舰店、大型书店等功能的植入，丰富了南湖天地的历史人文情怀。"南湖书院"则围绕书院历史建筑配置了研学体验馆、创新博物馆、湖滨剧场等文化空间，增强空间的互动性和体验性。"南堰新景"板块

图 5-88　嘉兴南湖周边地区城市设计

以景观为主要手法，点缀轻食餐吧、茶馆小亭等休闲娱乐空间，既是滨水公园的活力节点，也是手作市集等社群活动的重要场所。滨水绿带和滨水花园组团通过单车、步道、跑道等绿色景观动线与咖啡厅、茶局、书店等静态休闲设施，共同打造市民休闲、游憩、交往的特色场所（图 5-89）。

　　"南湖天地"占地面积 300 亩（约 20 公顷），总建筑面积 22 万平方米，其中有 16 万平方米的地下建筑面积。在总师模式下，根据"保护为主、合理利用"的原则，针对性地对留存的历史文化保护建筑功能进行改造和修缮设计，通过建筑的再生激活商业街区的有机整体，打造嘉兴市网红打卡地，重塑嘉兴魅力湖畔。南湖天地于 2021 年 6 月 19 日开放，日游客量 10 万人以上，激发了嘉兴城市活力，体现了嘉兴"江南韵、国际范"的城市特色，得到市民的高度认可。

❶ 南湖革命纪念馆；
❷ 老码头；
❸ 鸳湖旅社；
❹ 南湖天地；
❺ 河畔餐饮；
❻ 西下沉花园；
❼ 嘉绢厂房；
❽ 纱厂仓库；
❾ 嘉绢印象；
❿ 东下沉广场；
⓫ 迎宾广场；
⓬ 南湖书院；
⓭ 发布厅；
⓮ 南堤新景；
⓯ 水塔广场

总平面图

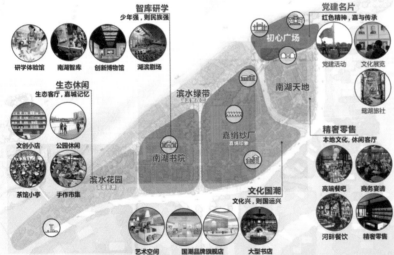

图 5-89　嘉兴南湖天地城市设计

1）嘉兴绢纺厂

嘉兴绢纺厂创建于 1921 年，是嘉兴现存年代最早、规模最大的近现代工业建筑群，经历了民族资本、日伪经营、官僚资本和新中国成立后迁回曲折、艰苦创业的历程（图 5-90），绢纺厂转化为极具意义的综合购物中心——"嘉绢印象"。建筑改造保留了原有建筑独特的楔形屋顶，通过增设钢结构对原本的木桁架进行安全性加固，并使斜面天窗极大地保证自然光下室内的亮度和明暗的均匀。在原建筑肌理基础上，复建立体且有质感的青砖立面，融合现代创新元素，充分体现建筑文脉延续的人文情怀（图 5-91）。

嘉兴绢纺厂东侧的通透商业体与下沉广场相结合，新建商业的现代玻璃材质和改造嘉绢厂的传统砖木外立面在视觉上形成虚实的对照，丰富了建筑和环境的光影变幻，产生了有趣的古今对话。"绢纱舞台"中庭空间运用水泥漆和白色涂料呼应了工业建筑的记忆，并通过金属网和智能灯具打造出状若绢纱的轻盈灵动质感，在延续历史记忆的同时增强了空间特色体验。对工业建筑、文化建筑进行保护与再生，形成以嘉绢厂为中心、辐射南湖革命纪念馆和南湖书院，具有历史探索感与文化体验感的社交互动场所与商业文创空间，丰富了嘉兴的历史文化积淀，传承场所记忆，以多元复合的城市公共空间回应城市发展的时代诉求。

在建筑细部上，设计通过传统建筑语言的现代演绎、材料质感的融合、具有地域文化的装置，将嘉兴南湖的历史文化赋活并融入现代风格，打造出独特的建筑文化感受和空间气质。通过金属屋面、玻璃幕墙、格栅的金花造型丰富建筑立面层次，采用大量复古砖石，并在不同材料之间达成融合。同时，通过对于传统屋檐语言的现代演绎，提炼和演化出几种不同的屋檐语言类型：高低错落的层檐、动态延伸的挑檐，各具特色，唤起人们对老街的记忆和对新景的展望。

2）鸳湖里弄

"鸳湖里弄"与"嘉绢印象"隔河相望，以高端餐饮、特色酒店为主要业态。设计深入挖掘嘉兴水乡建筑的特征元素，兼顾过去和现在，以现代材料和空间营造手法建设具有在地性风貌的建筑。以嘉兴老街为主要的空间原型，通过对传统空间形式、材料质感、细节语言的研究，重新创造出一个现代演绎的全新开放空间，唤起人们对于街巷生活和场地的历史记忆。建筑围合成不同尺度的

图 5-90　嘉兴绢纺厂旧貌（上图）

图 5-91　嘉绢印象（下图）

里弄、街巷与广场空间，整体建筑群落基本控制在两层体量，尊重公园场地开阔与生态的场景特征，建筑之间以露天廊桥连接，形成丰富多变的空间体系。通过细腻的流线组织将不同尺度的公共空间通过街区串联起来，将消费空间、历史文化空间、公共开放空间、绿色景观空间有机结合，形成独特的城市目的地（图 5-92、图 5-93）。

"鸳湖里弄"在走廊有出口的店铺上方设置花架，为行人遮阳避雨。花架的形式延续建筑的坡屋顶，两种密度的装饰百叶相互穿插，使人行走其中产生空间连贯、光影变幻的感受。雨棚的设计提取当地南湖菱角叶子的底部叶脉肌理、高低错落的层次，打造了具有地域文化特色且有标识性的空间装置。镂空的"菱角叶子"在不同时节下，形成丰富的光影空间。

3）南湖书院

"南湖书院"位于中轴线的迎宾广场。总师团队在助力打造"南湖书院"

图 5-92　鸳湖里弄

图 5-93　穿街水巷

图 5-94　南湖书院

项目中，围绕书院历史配置了研学体验馆、创新博物馆、湖滨剧场等文化空间。两侧建筑以迎宾广场为中轴对称排布，增强了空间的互动性和体验性（图5-94）。

4）南堰新景

"南堰新景"是公园式的漫步空间和错落有致的多广场空间，以景观为主要手法，点缀轻食餐吧、茶馆小亭等休闲娱乐空间，以供市民游玩散步。总师团队在考量多种展示动线的基础上，将车行、人行、游客、商业、水上流线一并纳入设计，打造多维立体式的综合动线设计，形成滨水公园和社群活动的活力节点。位于中国共产党的起源之地，广场雕塑承袭了南湖红色基因，寓意"汇聚、涌入、发展"。红色火苗主雕塑寓意"星星之火可以燎原"，使人身处其中可观天地之辽阔，自觉无畏前行。

5.3　县域乡村更新实践——"双示范"嘉善

5.3.1　依托一体化示范区，营建"金色大底板"

嘉善地处杭嘉湖平原，为江南鱼米之乡，素有"浙北粮仓"的美誉，嘉善片区内农田空间占比约 47%，面积约 11 万亩（约 7333 公顷）。境内水系发达，共有大小河道 1958 条，河道总长度 1646 公里，呈现"湖荡水乡、田林相映"的自然基底特征。同时，水网纵横的水乡环境造就了历史文化名镇密布的独特人文景观。嘉善片区内的西塘古镇素有"吴根越角"之称，是吴越文化的发祥地之一，是江南六大古镇之一，也是我国第一批历史文化名镇，被称为"生活中的千年古镇"。嘉善的祥符荡素来有"春秋的水、唐宋的镇、明清的建筑、现代的人"之称，展现了一幅从漫流沼泽到塘浦圩田，从水村相依到因河兴镇、沿河丰产的自然与人文互动的水乡历史长卷。

总师团队以嘉善"全域秀美"为底色，以生态绿色为特征，以城乡融合为内涵，以智慧科技为赋能，创建高质量发展创新标杆，营建特色底板、绿色底板、智慧底板、共富底板、大美底板、高质量底板及一体化底板。以农田基底及农业基础为前提，实施打造"全域秀美金色大底板"（图 5-95）；以"两山"理论为指导，通过田、水、路、林、庄要素的整合及优化，以及文化、生态、智慧、产业功能的植入，整体呈现"田丰、水清、路畅、林美、村富"的城乡

金色底板的"金十字"

横向营建田、水、路、林、庄要素
纵向融合文化、生态、智慧、产业

田丰：田成方、零排放、提产能，实现科技丰田、金色大美

水清：控源头、活水流、绿岸线，实现水清岸绿、鱼翔浅底

路畅：路成网、优设施、塑景带，实现路不断头、景不断链

林美：留绿树、植乡土、塑生境，实现林茂草盛、鸟语花香

村富：优环境、提产业、美人文，实现生态共富、水韵嘉乡

图 5-95 "金十字"技术路线

融合场景；打造和谐的生态环境、优质的景观风貌，为承载高质量的城乡空间、支撑高效能的产业创新、吸引高层次的创业人才锚固了生态底板（图 5-96）。

1. 高标农田

以"万亩高标农田示范、机械规模生产示范、绿色生态防控示范、高效节水灌溉示范、尾水净化循环示范"为目标，塑造全域高标准农田基底，稳步提升粮食产能、全力保障粮食安全、特色打造农田景观，展现"在欧洲看麦田、在中国看稻田"的大美景象。推进祥符荡周边 1 公里范围内退塘还稻，结合现状水网，以水为界合理划分 28 个灌区，以灌区为单元整理田向，合理归并

图 5-96 嘉善全面践行"两山"理论的"金色大底板"

田块，确保灌区内田向一致，形成长 200 ～ 300 米、宽 100 ～ 150 米的规整田块。以满足农机便捷入田的生产需要为前提，以集约用地、路网畅通为目标，对现状机耕路进行梳理及优化，形成"一环、九主、多支"的机耕路网结构（图 5-97），并通过路网优化实现还田面积约 30 亩。在机耕主路两侧设置 1 米绿色防控带，机耕支路两侧设置 0.5 米绿色防控带，采用乔木 + 灌草的种植结构，选取速生丰产、抗性强的乔木，及抑制杂草生长、利于益虫生长的地被，构建林网整齐交织的农田防护系统，促进农作物增产。采用管道 + 低压灌溉泵站的方式，实现高效节水灌溉，灌溉保证率不低于 90%，灌溉水利用系数不低于 0.9；基本实现新建灌区一区一泵、集约高效的目标。泵房面积 20 ～ 30 平方米，利用太阳能满足水泵电力需求，实现零能耗（图 5-98）。充分利用现状浜与塘，整修现状沟渠，新修生态沟渠，渠内种植对氮磷具有较强吸附力的水生植物，对农田尾水实现初级净化（图 5-99）；收集的尾水经过生态净化塘或植物净化带处理后排入河道，实现全域农田尾水零直排（图 5-100）。

2. 清水工程

以"南北结合、灰绿结合、净建结合"为路径，重构祥符荡自我维持、自我演替、良性循环的水生态系统，结合水岸同治，实现祥符荡水质、生态及景观的全面提升，打造世界级滨水空间，重现祥符荡"万顷祥符荡，风静水天波"的美丽画卷（图 5-101）。遵循生态系统的整体性、系统性及其内在规律，坚持人工修复与自然恢复相结合的方式，通过沉水植物恢复、水生动物调控、

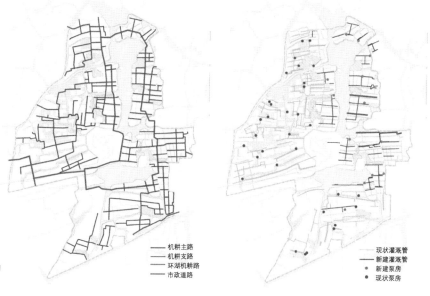

图 5-97　"一环、九主、多支"
的机耕路网（图左）

图 5-98　管道与低压泵站结合的
高效灌溉（图右）

—— 机耕主路
—— 机耕支路
—— 环湖机耕路
—— 市政道路

—— 现状灌溉管
—— 新建灌溉管
●　新建泵房
●　现状泵房

开放式尾水处理点
全封闭式尾水处理点
半封闭式尾水处理点
新建沟渠
保留沟渠

生态沟渠效果图

泵房 + 生态净化塘效果图

清水降浊、景观提升、水生态监控平台等工程措施，实现祥符荡水环境主要指标逐步达到地表水 II 类标准、水景观达到透明度 2 米、水生态达到沉水植被覆盖度 70% 以上，使生物多样性指数提升和生态系统自然良性循环，呈现出"水清岸绿、鱼翔鸟栖、草长莺飞"的和谐场景（图 5-102 ）。

图 5-99　尾水零直排的生态净化系统

3. 原野花境

滨水景观提升兼顾生态性及观赏性，近水区结合清水工程，打造以沉水、挺水植物带以及季节性浅滩湿地构成的生态缓冲带，以拦截周边地表径流带来的面源污染；缓冲带植物选择主要考虑其对水体的净化作用及观赏价值，形成结构稳定、水陆交融、自然优美、生物友好的滨水植被带。打造环绕南、北祥符荡的水杉景观道及滨水游步道系统，采用借景、障景等手法打造"开合"空间，融路于景、路随景异，结合具有江南特色、原生态野趣的自然花境的设计，营造"在原野上漫步，在田野中穿行"的美妙体验（图 5-103 ～图 5-106 ）。

图 5-100　"在欧洲看麦田、在中国看稻田"的高标准农田底板

图 5-101　"南北结合、灰绿结合、净建结合"的祥符荡清水工程

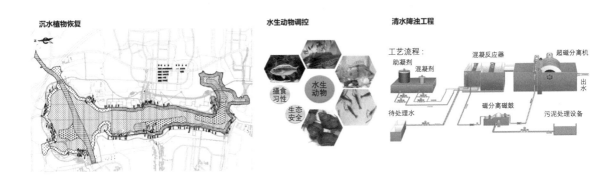

图 5-102　"水清岸绿、鱼翔鸟栖、草长莺飞"的祥符荡美景

图 5-103　层次丰富的滨水生态湿地景观体系

图 5-104　环荡骑行及步行道系统

图 5-105　祥符荡揽云栈桥

图 5-106　北岸草坪公园

5.3.2　智慧管控赋能，全要素协同治理

1. 产业大脑：湘家荡科创园区

湘家荡科创园区属于嘉兴产业三级联动的核心大脑，区域总面积 45.25 平方公里（图 5-107），是示范启动的科创引擎。

在总师模式下，湘家荡科创园区规划坚持"科创区＋风景区"双轮驱动，依托教育、科研、人才优势，集合嘉兴区位、产业优势，打造绿色生态引领、创新产业集聚、产城景高度融合的活力新城，打造世界一流科研、创新、制造产业集群，全力推进"大通道、大花园、大平台"建设，借助长三角一体化战略机遇，实现资源高度共享发展，助推区域高质量发展。

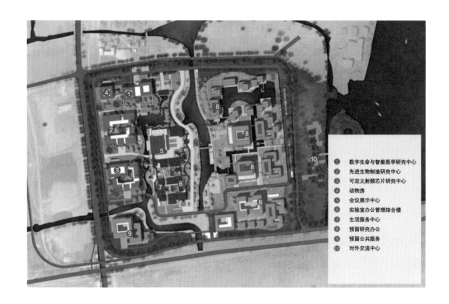

图 5-107　嘉兴湘家荡南湖实验室
城市设计平面图

在总师模式下，推动与中国电子科技集团、中国军事科学院达成全面合作协议，共建中国电子科技南湖研究院及南湖实验室，从中国电子科技集团引入5支顶尖团队、5大未来科技研究领域的专家以及大量博士人才，从军科院引入5支由院士或将军领衔的科研团队。重点推进"两院两园"建设，即嘉兴市人民政府与中国电子科技集团共建中国电子科技南湖研究院，融合现代研发功能于中国传统建筑，营造高效科研环境与舒适人居环境，体现预警机精神与红船精神。嘉兴市人民政府与中国军事科学院共建南湖实验室，形成"共享交流、集约高效、弹性生长、诗意江南"的科创园区。同时，清华大学航空发动机研究院分院也落户嘉兴，北京理工大学与嘉兴市人民政府合作共建北京理工大学长三角研究院，均为嘉兴带来更多的发展机遇。

南湖实验室新建项目一期工程位于嘉兴市南湖区湘家荡西南侧，项目采用低密度、院落式布局，园区与原有自然环境紧密有机融合，地上地下总建筑面积6864.75平方米。

1）呈现鲜明江南地域特征的顶级实验室：一方面通过精心的策划和定制化设计满足多个院士领衔的科研团队的各种需求，另一方面根植于嘉兴丰厚的江南水乡底蕴，营造科学、人文、艺术相结合的氛围。建筑整体风貌现代简约，符合科研建筑特色，建筑细部则体现温婉秀气的江南风格。建筑材料以灰色金属、暖白色石材为主，局部立面融入特有的江南纹样，呼应"粉墙黛瓦"的当地建筑特征。建筑形体虚实相间，体量布局错落有致，营造了曲折婉转的水乡场景，实现了建筑空间在历史文脉上的传承。

2）融入水乡自然环境的空间布局：规划布局采取"一心、两翼、九院"
的空间结构。"一心"，即核心岛景观区，通过现有的里庄港及营造的人工水
系，构成一个为整体园区服务的核心区，主要包含会议展示中心、生活服务中
心以及实验室办公管理综合楼。"两翼"即场地内环绕核心岛的两段水系。"九
院"为 9 个研发组团，围绕核心岛环绕布置。其中一期用地包含了一个堪称"国
之重器"的研究组团，分别为张学敏院士领衔的数字生命与智能医学研究中心、
陈薇院士领衔的先进生物制造研究中心和王沙飞院士领衔的可定义射频芯片研
究中心。规划最大限度地满足了分期建设要求，远期用地可弹性灵活发展。内
部绿化和步道连通至三期东侧的云罗洲公园及湘家荡湖畔，与整个景区融为一
体。设计对地上与地下空间开发进行联动，在地上建设低密度的园林化的科研
办公区，在地下通过整体连通的"营养基层"提供功能支持并推动交流共享。
场地设计最大限度尊重原有自然景观，除水系保护和梳理外，对场地内原有的
一棵百年大树也进行精心保护并营造宜人的景观。

3）面向可持续发展的建筑技术：整个园区是绿色、智能的园区（图
5-108）。建筑设计中，结合嘉兴的气候特征采取了一系列绿色建筑措施以
满足绿色建筑二星级标准，包括：绿色环保装饰材料、下凹绿地、植草砖、
新能源充电桩、钢结构体系、高效的围护结构热工性能等。在智能化设计方

图 5-108　南湖实验室节点效果图

面，针对园区内部需求，在通信、无线网络、实验室温湿度感知、智能化控制、智能门禁、刷脸识别等方面均采用了目前先进的技术，为实验室安全、高效、韧性运转保驾护航。

北京理工大学长三角研究院（嘉兴）总规划用地1000亩（约6.7公顷），选址于嘉兴秀洲区北部、秀水新城西北，毗邻京杭大运河。

北京理工大学长三角研究院（嘉兴）整体校园规划结构为"三湖两水、二轴四片区"。以水为心，建构簇拥环绕的中心结构，三湖两水错落有致，将校园空间划分为"二轴四片区"的空间格局，中央景观轴线与湿地轴线交织展开，以"自然中营造"为立场，以"自然的营造"为方法，以"自然地营造"为态度，打造满足当代人身心需求的"诗意的栖居"。规划一期用地位于东方路西侧，包括4个组团，即南部创新研究中心及学生生活组团、图书馆、北部创新研究中心、北部学生生活组团（图5-109）。

2. 产业基地：南湖生命健康微电子产业生态园

南湖生命健康微电子产业生态园属于嘉兴产业三级联动的产业基地，紧邻嘉兴南站高铁新城，是嘉兴未来科技城的重要产业园区，占地面积20.9平方公里，现状产业以电子信息、电子设备制造为主（图5-110）。规划提出重点推动产业链完善，提升产业能级，加强生产性服务配套，形成产业链内循环，推动产业链向前端基础材料和后端应用延伸。生命健康产业基础较为薄弱，未

图5-109 北京理工大学长三角研究院城市设计鸟瞰图

来要重点明确主攻方向，接沪融杭，引导化工企业转型升级，加快引进重大医药项目，推动医药产业完善"研—试—产"全过程，融入长三角区域一体化发展格局。以生物医药、健康医疗器械为核心，以高值医用材料、健康检验检测为支撑，以特色高端芯片设计生产封装为重点，以高端芯片核心材料生产供应为支撑，积极拓展消费、工业、军工等智能终端产品，打造生命健康微电子协同创新核心平台、生命健康微电子成果转化主要基地、嘉兴市生态智慧产城融合示范样板（图 5-111）。

01 科技金融中心
02 科技水街
03 星级酒店
04 微电子产业服务中心
05 人才公寓
06 微电子公共研发中心
07 文化广场
08 微电子工业邻里中心
09 微电子设备共享中心
10 高端芯片研究基地
11 智能终端拓展基地
12 核心材料生产基地
13 青年科创聚落
14 生命健康产业服务中心
15 生命健康公共研发中心
16 智谷公园
17 总部研发楼
18 产业加速基地
19 生命健康设备共享中心
20 健康医疗器械制造基地
21 高值医用材料发展基地
22 生物医药发展基地
23 生态景观公园
24 工业邻里中心
25 健康检验检测中心

图 5-110　嘉兴南湖生命健康微电子产业生态园概念规划平面图（上图）

图 5-111　嘉兴南湖生命健康微电子产业生态园概念规划鸟瞰图（下图）

5.3.3　聚焦"四大领域"，打造"嘉善样板"

在国家"双碳"战略的引领下，总师团队聚焦生态环保、互联互通、产业创新、公共服务四大领域，谋划"竹小汇智慧田、竹小汇生态岛、竹小汇科创聚落"三个系列项目，综合展示生产、生态、生活空间"零碳＋科技赋能"的示范成果（图5-112），以聚落尺度的技术试验及模式探索，形成可复制、可推广的"竹小汇模式"，为长三角乃至全国未来低碳园区、社区、城区的建设提供创新方案。

1. 竹小汇智慧田

农业是温室气体的重要排放源，其排放的 CH_4 和 N_2O 分别占到人类活

图 5-112　竹小汇零碳三生空间鸟瞰

图 5-113　竹小汇智慧田

动造成的 CH_4 和 N_2O 排放总量的约 50% 和 60%；农业中稻田是最主要的 CH_4 排放源，探索低碳模式的稻田农业发展模式对于碳达峰及碳中和具有重要意义。竹小汇智慧田占地面积约 400 亩，包含数字科技田 350 亩、育种试验田 50 亩。智慧田项目围绕"增汇""减排""降耗""循环"理念，通过降低水稻生产过程中人力和物力能耗来降低碳足迹，实现稻田 CH_4 排放减少 10%～15%，间接碳排放减少 8%～15%，水资源消耗减少 30%，肥料使用减少 10%，氮、磷排放减少 30%，亩均劳动力投入减少 100 元左右，环境效益、经济效益和社会效益大幅提升（图 5-113）。

　　通过设置生态沟渠，渠内种植金鱼藻、灯芯草等水生植物，渠底铺设卵石，对尾水内氮、磷元素进行吸附降解，结合入河口附近的生态调蓄塘的深度净化，实现农业尾水零直排，打造"生态田"（图 5-114）。根据薄露灌溉原理，依托算法模型，通过预先埋设田间水层监测仪、土壤墒情监测站、田间进水 / 排水自动阀等物联网设备，在水稻的各个生长期，利用适宜水深作为农田灌排控制指标。在无人值守的情况下可根据水稻各生长期用水需求，远程设置田间水层上限参数，并通过全自动精准感应田间实际水深，自行控制灌排设备的开启和关闭，保证水稻各生长期的精准灌溉；排水口设置量控一体化阀门，可远程控制尾水排入生态塘，净化后作为灌溉水循环利用，打造"低碳田"。建设水稻生产高标准机械化示范，依靠北斗地面产分网络的布设，应用农机无人驾驶技术（无人侧深施肥、无人除草、无人插秧），实现育种、耕作、施肥、浇灌、收割全过程自动化生产，利用数字赋能打造"智慧田"；采取物联网杀虫灯、虫情测报灯、水稻害虫性诱智能测报仪等生物防控、物理防控方式，控制有害生物对农作物的侵害，减少化学农药使用量，保障农产品质量安全（图 5-115）。

图 5-114   数字科技田效果图

图 5-115   育种试验田效果图

建设天空地一体化的智慧田数字孪生平台（图 5-116），基于薄露灌溉、稻田分布式水量水质、水稻生长、水稻病虫害、设备数字化等水稻种植模型算法，通过软硬一体和人工智能服务，将农场、作物、环境、种植等信息进行全面的感知互联和数字孪生，加强田间管理，沉淀生产经营数据，建立农场知识管理，实现农业生产的智能化辅助决策（图 5-117）。

2. 竹小汇生态岛

鸟类生物多样性保护一直是嘉善依靠自然做工以及生态绿色发展的重要举措。生态岛占地面积约 107 亩，岛上原为湿地野塘，有较多水鸟在此栖息，但由于缺乏管理，部分坑塘水质浑浊，植被及地被杂乱无章，景观层次感较差，湿地生境系统也有待修复。规划以"一抹无痕，不惊虫鸟"为原则，以"最大化的野境保留、最自然的生境增补、最轻柔的活动介入"为路径，通过地形微改造，新

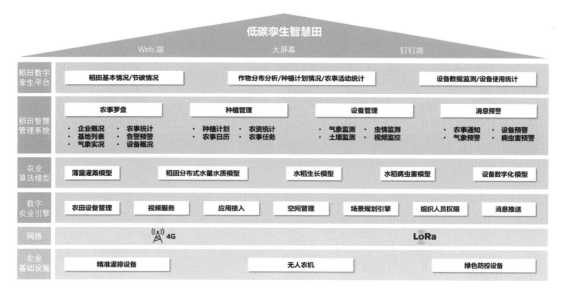

图 5-116　智慧田数字孪生平台

图 5-117　未来智慧田示范样板

增浅滩、浅水、孤岛等适合不同鸟类栖息的场所，补植多种食源、蜜源、虫源植物，满足虫鸟觅食的需求，从而进一步提升区域生物多样性。同时，运用 AI 智能鸟类监测系统实现对周边鸟类的自动巡航抓拍和智能识别分类，结合岛上科普宣传设备，实时公布鸟类种类、数量等信息，建立鸟类资源库。目前，生态岛已成为嘉善生物多样性的体验地，AI 智能监测系统数据分析显示，岛上鸟类、萤火虫数量明显增多。萤火虫是江南水乡环境质量的最高指示物种之一，萤火虫的回归证实了祥符荡区域水环境及生态生境质量已达到较高的水平（图 5-118）。

3. 竹小汇科创聚落

项目基地主要由竹小汇、储家汇两个自然村组成。规划以最大化遵循村落空间肌理为原则，在原有宅基地上进行有机更新，以新的建筑空间承载新的功能业态及技术应用。通过对标国际先进案例，以打造"全国第一个零碳聚落"为目标，以适宜的绿色技术集成"3大聚落+1个系统"的竹小汇模式（图5-119），向全国展示"双碳"领域的"长三角方案"。

零碳聚落主要通过两方面路径实现：一是聚落内所有建筑都是零碳建筑或超低能耗绿色建筑，所有交通出行都采用氢能源微公交或采用骑行、步行方式，促进"碳减排"；二是聚落内所有用电均来源于清洁能源，并利用庭院、广场及生

图 5-118　充满自然野趣的鸟类乐园（右图）

图 5-119　"3大聚落+1个系统"的竹小汇模式（下图）

3大聚落+1个系统		
零碳聚落 碳平衡	无废聚落 物质循环	生长聚落 全生命周期
1. 低碳建筑 2. 清洁能源 3. 地源热泵 4. 绿色交通 5. 低碳设备 6. 绿化固碳	1. 建筑材料再利用 2. 垃圾资源化减量 3. 中水及污废水处理 4. 厨余垃圾就地降解	1. 建筑生长 2. 空间生长 3. 系统生长 4. 适应生长
智慧化数字管理平台系统		
1. 数字孪生智慧运营管理平台　　2. 能源资源环境监管展示平台		

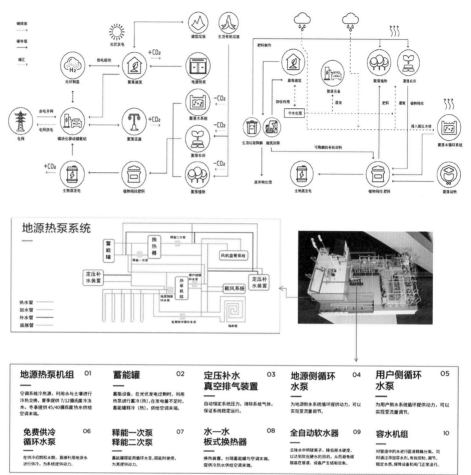

图 5-120 地源热泵系统原理

态岛植被的碳汇作用，实现"碳补偿"。目前，聚落已开展太阳能、风能、地热能的应用，利用光伏瓦、光伏板实现太阳能向电能的转换，产生的电储存于高性能的锂电池中，除为聚落内部稳定供电外，余电可并入国家电网；同时利用地源热泵系统采集地热能，作为空调系统的冷热源，取代高能耗的传统空调，降低聚落用电。未来计划结合氢能、生物质能的应用，真正实现"多能互补"（图5-120）。

无废聚落，首先是采用原建筑拆除的材料以及周边村落里废弃的旧砖瓦进行建造；其次在建筑的外围护结构以及室内装饰中大量运用可回收再利用、碳足迹可追踪的绿色建材。聚落还采用地埋式、模块化的小型污水处理设备，收集的生活污水经膜生物反应器处理后，符合出水要求的中水在园区内实现回用，并对处理过程中产生的废气、污泥进行安全处置后排放，在聚落内实现水资源的循环利用。未来计划结合酒店和餐饮业态，增设餐厨垃圾降解设备，利用微生物作用实现源头降解餐厨垃圾，减量率高达99%（图5-121）。

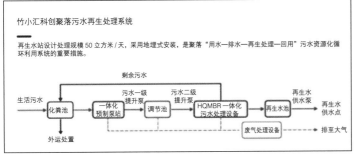

竹小汇科创聚落污水再生处理系统

再生水站设计处理规模 50 立方米／天，采用地埋式安装，是聚落"用水—排水—再生处理—回用"污水资源化循环利用系统的重要措施。

污水收集系统

一体化预制泵站及调节池对化粪池出水进行收集和预处理，去除污水中的漂浮物、悬浮物和泥沙，并对原水水质、水量进行均化调节。

污水处理系统

一体化污水处理设备采用膜生物反应器处理工艺，出水可以满足高标准排放或回用的水质要求。

再生水回用系统

一体化污水处理设备出水经消毒后作为最终处理出水贮存于再生水池，由再生水供水泵加压送至用水点或排放至受纳水体。

废气处理系统

一体化预制泵站、调节池、一体化污水处理设备等部位产生的废气经管道收集后由废气处理设备净化处理，达标排至大气。

污泥处理系统

一体化污水处理设备运行过程中产生的少量剩余污泥定期排至附近的化粪池，同化粪池内的粪便合并，定期外运处置。

图 5-121　污水处理系统原理

生长聚落主要有四方面含义：一是建筑生长，聚落内所有建筑都贯彻全生命周期低碳或零碳理念，确保建筑自身可实现碳平衡甚至是"负碳运行"；二是空间生长，竹小汇科创聚落整体占地面积约 180 亩（约 12 公顷），呈"九"字形布局，分三期建设，目前已建成的一期是整个聚落的启动区，未来二期、三期的建设将为零碳技术更全面的整合和优化提供空间载体；三是系统生长，通过对聚落内所有建筑的运行数据进行实时采集、分析和评估，以及各类系统及设备做功情况的数据反馈，为现有技术的迭代更新提供基础支撑；四是适应生长，通过竹小汇的试验，未来可实现在不同地域的推广和复制，积累不同气候和资源条件下的零碳园区建设经验（图 5-122）。

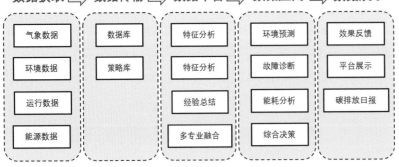

图 5-122　建筑、空间、系统生长

　　基于数字孪生的智慧运维平台，叠加数字孪生技术，构建"双碳"各要素之间的串联与模拟，形成高效监管、智慧运算、可拓展的整体运维，对建筑室内舒适度、室内环境质量进行实时监测，对建筑及聚落的碳数据进行采集、分析和调控，构建全生命周期、自适应、生长型的零碳管理系统（图 5-123）。

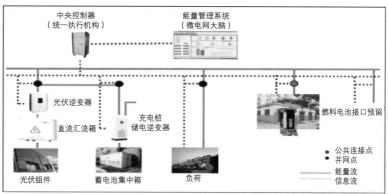

能源系统双碳管控

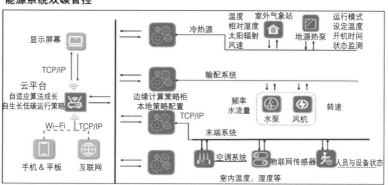

建筑系统双碳管控

图 5-123　数字孪生的智慧运维系统对建筑及能源实现双碳管控

　　启动区总用地面积约 1 公顷，分两期建设（图 5-124）。一期总建筑面积约 2600 平方米（地上约 2000 平方米、地下约 600 平方米），由 4 组办公组团、1 栋展示中心、1 栋报告厅和 1 栋保留驿站组成；新建建筑均为 1 ~ 3 层的低层建筑，其中报告厅为实时零碳建筑，展示中心为全生命周期零碳建筑，其余办公建筑均为超低能耗建筑。二期为 1 栋民宿酒店，建筑面积约 7500 平方米（图 5-125）。

　　1）"光储直柔"配电系统：包括光伏发电、高效储能、直流输电、柔性控制四个阶段，是平抑电网波动、消纳清洁电力的有效手段。"光"即利用太阳能清洁能源为建筑供电，通过建筑南侧屋面的光伏瓦与连廊的光伏板组合，将光能转换成电能；启动区光伏瓦铺设面积 834 平方米，总片数 1324 片，单

效果图

实景图

实景图

实景图

图 5-124　全生命周期零碳建筑——展示中心（右图）

图 5-125　启动区绿色低碳技术空间落位零碳聚落技术（下图）

片功率 95 瓦；光伏板铺设面积 267 平方米，总片数 126 片，单片功率 360 瓦。"储"即将多余电能储存于蓄电池与储能充电桩中备用；储能锂电池埋设于办公组团三、组团四地下室，每组锂电池最大储能为 200 千瓦时；储能充电桩最大储能为 50 千瓦时。"直"即建筑配电系统直流化，建筑室内均采用直流照明灯具，减少交流、直流转换，提升用电效率，由此可减少约 10% 的碳排放。

"柔"即通过直流电压变化，传递对负荷用电的要求，实现各电器自律性调节，打造柔性用电，通过供给侧削峰可减少约 15% 的碳排放。聚落清洁电力系统实行"离并结合"，可与国家电网实行双向供电，既保证了聚落供电的稳定性，也能将产生的绿电上网交易，消纳清洁电力。

2）太阳能充电座椅：在聚落公共休闲活动场地内布置太阳能充电座椅，利用太阳能发电，解决用户临时休憩及短时充电需求，人性化地设置无线、有线充电两种模式。

3）智慧路灯：沿主要道路按 150 米间距设置，除满足基础照明外还具有 Wi-Fi 覆盖、信息交互、一键求助等功能。

4）风力发电：设置 3 台 10 米垂直轴发电风车，发电功率 5 千瓦，环境风速达 3 米 / 秒（微风）即可发电，所发电并入国家电网。

5）光储充一体化停车场：利用太阳能发电，光伏发电充足时可为微电网其他负荷提供清洁电力，发电不足时可以消纳微电网中的清洁电力，降低运营成本；系统可根据电网情况调节充电桩输出功率，实现柔性充电；可离网或并网运行，光伏发电不足或市电断电仍能保持稳定运行。

6）地源热泵系统 + 辐射板：采用分布式地源热泵作为建筑的唯一冷热源，结合建筑布局设置 68 眼 120 米深的地热井，分两套系统为启动区办公组团、展示中心及报告厅制冷供暖。结合本地"峰谷电价"政策，设置蓄水罐作为蓄冷蓄热装置，降低运行费用；在系统低负荷时，可直接利用蓄水罐供冷供热，不开启热泵机组，降低系统运行能耗。地源热泵系统末端采用供冷加新风除湿的辐射板，供冷散热均匀，无吹风感、噪声干扰及冷凝水排放，体感舒适度较好；同时，辐射供冷计算空调冷负荷时，可将室内设计温度提高 1 ~ 2 摄氏度，从而降低负荷。地源热泵系统与常规空调系统相比，可减少约 25% 的碳排放。

7）外围护保温隔热系统：展示中心与报告厅外围护结构采用木结构 + 岩棉保温复合墙体，办公组团建筑外墙保温采用 STP 真空保温一体板。所有建筑采用断桥铝合金三玻 Low-E 被动式门窗，遮阳百叶内置，整体性及美观性较好。

8）可循环建材 / 绿色建材：院墙使用原建筑拆除后的旧砖瓦点缀，主要道路铺设老石板。建筑使用的木材、钢结构及金属板等均属于可回收再利用建材。建筑室内采用拥有国际碳认证标识的 LVT 弹性地板材料，为模块化乙烯基树脂，天然环保，不含甲醛、铅、苯、重金属等致癌物质，无可溶性挥发物；材料中 39% 的成分可回收，可在安装过程中减少至少 50% 的材料浪费，并在整个产品生命周期中达到碳中和（图 5-126）。

9）污废水处理系统：污水处理站设置于办公组团一西侧地下，采用 HQMBR 一体化污水处理设备，其核心技术为缺氧/好氧膜生物反应技术，具有出水品质高、污泥产量低、抗冲击负荷能力强等优点。污水过滤净化产生的中水主要用于建筑单体的冲厕以及室外景观、农田的灌溉，产生的废物可用作肥料或作为其他材料使用。处理站采用模块化配置，集成性高，可依据需要扩容，目前处理规模为 50 吨/天，最高可扩容到 100 吨/天。场地雨水采用散排方式，设置透水铺装、雨水花园等海绵设施，尽可能地增加地表下渗，补给地下水，地面径流排入周边水体。

餐厨垃圾降解系统（二期酒店应用）：利用多种微生物共同作用，实现餐厨垃圾源头分解，减量率高达 99%。系统无需高温加热，可节约电能，降解产生的污水经净化达标后排放（图 5-127）。

智慧垃圾桶：利用物联网、云平台技术，具有感应开箱、分类指示、自动通风、箱满提示等功能。

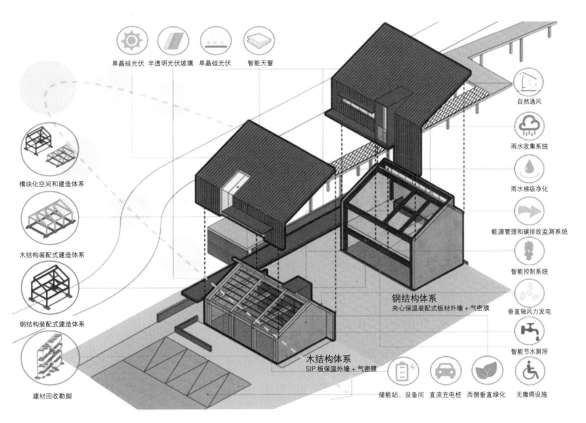

单晶硅光伏　半透明光伏玻璃　单晶硅光伏　智能天窗

自然通风

雨水收集系统

雨水梯级净化

能源管理和碳排放监测系统

智能控制系统

垂直轴风力发电

智能节水厕所

模块化空间和建造体系

木结构装配式建造体系

钢结构装配式建造体系

建材回收勒脚

钢结构体系
夹心保温装配式板材外墙＋气密膜

木结构体系
SIP 板保温外墙＋气密膜

储能站、设备间　直流充电桩　西侧垂直绿化　无障碍设施

图 5-127　零碳广场绿色技术集中
展示空间

实景图　　　　　　　　　　　　实景图

图 5-126　建筑绿色建材及绿色
建造技术集成应用

参考文献

[1] 杨保军. 实施城市更新行动推进城市高质量发展 [J]. 中国勘察设计, 2023 (12): 12-15.

[2] 杨保军. 实施城市更新行动的核心要义 [J]. 中国勘察设计, 2021 (10): 10-13.

[3] 秦海翔. 实施城市更新行动让城市更宜居、更韧性、更智慧 [J]. 中国勘察设计, 2023 (6): 4-5.

[4] 吴晨, 李婧, 李文博, 等. 城市更新与城市复兴场景下总建筑师制实施路径 [J]. 北京规划建设, 2022(6): 187-192.

[5] 周岚, 丁志刚. 面向真实社会需求的城市更新行动规划思考 [J]. 城市规划, 2022, 46 (10): 39-45.

[6] 阎树鑫, 万智英, 李嘉男. 城市更新行动: 内涵、逻辑和体系框架 [J]. 城市规划学刊, 2023 (1): 62-68.

[7] 莫正玺, 叶强, 赵垚. 我国存量建设空间利用的政策、理论与实践演进脉络 [J]. 经济地理, 2022, 42 (6): 156-167.

[8] 阳建强, 陈月. 1949—2019 年中国城市更新的发展与回顾 [J]. 城市规划, 2020, 44 (2): 9-19+31.

[9] 沈磊, 张玮, 马尚敏, 等. 城市总规划师制度的嘉兴实践: 人因工程学视角下的城市治理与创新探索 [J]. 世界建筑, 2021(3):10-15+125.

[10] 沈磊, 张玮, 马尚敏. 城市设计整体性管理实施方法建构——以天津实践为例 [J]. 城市发展研究, 2019,26(10):28-36+47.

[11] 沈磊. 城乡治理变革背景下总规划师制度创新与嘉兴实践 [J]. 建筑实践, 2021(9):34-45.

[12] 沈磊, 张玮, 武俊良. 总师思想: 探索新时代高质量生态品质城市规划建设新思路 [J]. 建筑实践, 2021(9):84-89.

[13] 王富海, 阳建强, 王世福, 等. 如何理解推进城市更新行动 [J]. 城市规划, 2022, 46 (2): 20-24.

[14] 王富海. 新时代面向规划实施的地区总设计师制度探讨 [J]. 当代建筑, 2022 (5): 36-39.

[15] 廖凯, 孙一民, 王富海, 等. 从伴随式城市设计到总设计师制 [J]. 当代建筑, 2022 (5): 8-18.

[16] 金广君, 吴春花. "城市总设计师制度"——城市建设法制化的组成部分 [J]. 建筑技艺, 2021, 27 (3): 10-11.

[17] 沈磊, 黄晶涛, 刘景樑, 等. 城市设计整体性管理实施方法构建与实践应用 [J]. 建设科技, 2020(10):31-33.

[18] 温锋华, 姜玲. 整体性治理视角下的城市更新政策框架研究 [J]. 城市发展研究, 2022,29(11):42-48.

[19] 张文忠, 何炬, 谌丽. 面向高质量发展的中国城市体检方法体系探讨 [J]. 地理科学, 2021,41(1):1-12.

[20] 唐燕. 我国城市更新制度建设的关键维度与策略解析 [J]. 国际城市规划, 2022,37(1):1-8.

[21] 黄晶涛, 沈磊, 马松, 等. 新八大里地区城市设计 [J]. 城市环境设计, 2021(4):216-227.

[22] 沈磊. 匠心之作、城市之心——以天津文化中心为例 [J]. 建筑实践, 2020(2):22-29.

[23] 沈磊, 沈佶. 运用城市设计彰显城市特色——天津城市设计的探索、实践与思考 [J]. 城乡建设, 2016(8):51-54.

[24] 沈磊, 张玮, 仇晨思. 历史文化名城保护与发展创新方法与实践——以嘉兴历史文化名城实践为例 [J]. 世界建筑, 2022(12):100-105.

[25] 沈磊. 长三角生态绿色一体化发展示范区三周年规划与实践 [J]. 建筑实践, 2022(10):80-87.

[26] 沈磊, 张玮, 马尚敏. 九水连心: 营造高品质人居环境规划建设典范 [J]. 建筑实践, 2021(9):58-64.

[27] 沈磊, 张玮, 何宇健, 等. 空间价值导向下自然特色要素建构城市规划格局的探索——以嘉兴九水连心规划为例 [J]. 建筑实践, 2021(9):48-57.

[28] 沈磊, 朱雪梅, 沈佶. 国际视野与地方行动: 城市设计的天津实践 [J]. 中国勘察设计, 2016(4):28-35.

[29] 沈磊. 城市的建筑理性的建筑时代的建筑——谈天津的建筑实践思考 [J]. 建筑学报, 2015(4):101-106.

[30] 沈磊, 李津莉, 侯勇军, 等. 整体的把控本质的追求——天津文化中心规划设计实践与思考 [J]. 建筑学报, 2013(6):70-75.